国家电网
调度运行专业管理规定

国家电力调度控制中心　发布

中国电力出版社
CHINA ELECTRIC POWER PRESS

图书在版编目（CIP）数据

国家电网调度运行专业管理规定 / 国家电力调度控制中心发布. —北京：中国电力出版社，2024.1（2024.3重印）

ISBN 978-7-5198-7795-8

Ⅰ. ①国… Ⅱ. ①国… Ⅲ. ①电力系统调度–管理规程 Ⅳ. ①TM73-65

中国国家版本馆 CIP 数据核字（2023）第 076770 号

出版发行：中国电力出版社
地　　址：北京市东城区北京站西街 19 号（邮政编码 100005）
网　　址：http://www.cepp.sgcc.com.cn
责任编辑：陈　倩（010-63412512）
责任校对：黄　蓓　常燕昆
装帧设计：张俊霞
责任印制：石　雷

印　　刷：三河市百盛印装有限公司
版　　次：2024 年 1 月第一版
印　　次：2024 年 3 月北京第二次印刷
开　　本：880 毫米×1230 毫米　32 开本
印　　张：5
字　　数：129 千字
印　　数：4501—5500 册
定　　价：25.00 元

《国家电网调度运行专业管理规定》

编 委 会

国调中心关于印发《国家电网调度运行专业管理规定》的通知

调调〔2023〕12号

各分部，各省（自治区、直辖市）电力公司：

为进一步规范调度运行专业管理，国调中心组织对《国家电网调度运行专业管理规定》进行了修编，现予印发。

本规定自下发之日起执行。《国调中心关于印发国家电网调控运行专业管理规定的通知》（调调〔2018〕3号）、《国调中心关于印发〈国家电网有限公司省级以上调控机构主网重大操作调度风险管控规定〉的通知》（调调〔2018〕149号）、《国调中心关于印发〈电网运行事件通报和约谈工作办法（试行）〉的通知》（调调〔2018〕155号）、《国调中心关于加强调度信息报送的通知》（调调〔2022〕3号）同时废止。

国调中心（印）

2023年3月13日

《国家电网调度运行专业管理规定》

修 编 说 明

一、工作概况

为加强调度运行专业规范化管理，明确调度运行专业职责和相关业务流程，2018 年国调调度处组织编制了《国家电网调控运行专业管理规定》，以公司部门文件形式（调调〔2018〕3 号）印发执行。

《规定》发布五年来，调度运行专业面临的形势和任务持续变化。一是外部形势深刻变化。党中央、国务院及国家主管部委对大电网安全、电力保供、能源转型提出了更高要求，公司提出了全面建设中国特色国际领先的能源互联网企业的战略目标，调度运行专业责任重大、使命光荣。二是合规管理要求持续提升。公司针对调度交接班、故障预案编制、在线安全分析、重大事件汇报等业务发布了新版通用制度，对专业管理规范性提出了更高要求。三是调度业务范围优化调整。设备监控业务移交至设备管理部门，跨区域省间可再生能源日内现货交易升级为省间电力现货交易，此外新增应急调度交易组织、电网运行事件通报约谈等业务。总体来看，2018 版《规定》已难以适应当前工作需要，亟需修编完善。

2022 年 9 月，国调调度处成立专项工作组启动修编工作。半年来，工作组成员投入大量时间精力，持续优化章节架构，逐字逐句推敲条文，广泛听取网省调意见，确保《规定》可落地执行，历经五轮次修编，新版《规定》于 2023 年 3 月中旬定稿并以公司部门文件形式（调调〔2023〕12 号）印发执行。

新版《规定》印发后，《国调中心关于印发国家电网调控运行专业管理规定的通知》（调调〔2018〕3 号）、《国调中心关于印发国家电网有限公司省级以上调控机构主网重大操作调度风险管控规定的通知》（调调〔2018〕149 号）、《国调中心关于印发电网运行事件通报和约谈工作办法（试行）的通知》（调调〔2018〕155号）、《国调中心关于加强调度信息报送的通知》（调调〔2022〕3号）同时废止。

二、主要修编内容

编写组以“上下衔接、突出管理、简明扼要、合规可行”为基本原则，在 2018 版《规定》基础上进行修编。新版《规定》名称改为《国家电网调度运行专业管理规定》，共 10 章 135 条。各章主要内容如下。

“第一章　总则”明确了《规定》的适用范围以及国网省三级调度运行专业的主要职责。本次修编结合监控业务移交、现货市场建设等形势变化，更新了国网省调主要职责；补充了调度运行专业应当遵循的公司规程规定和通用制度明细。

“第二章　调度运行值班管理”制定了调度运行值班各类业务的管理性要求，具体涉及值班岗位设置、调度值班业务、主网重大操作风险管控、值班日志记录、调度运行后评估五个方面。本次修编将原《规定》中调控运行交接班、实时倒闸操作、实时运行监视、电网故障处置四节整合为调度值班业务一节，缩减了技术性要求内容，突出了管理性要求内容；完善了调度值班岗位职责；新增了主网重大操作风险管控、值班日志记录相关内容；删除了设备监控运行内容。

“第三章　调度运行安全内控管理”制定了安全员管理、电网运行事件通报和约谈的具体要求。本次修编参考《国家电网有限公司调度机构安全工作规定》（2022 版）和《国调中心日常安全监督工作方案（试行）》，对安全员工作职责进行了完善；收录了《电网运行事件通报和约谈工作办法（试行）》（调调〔2018〕155 号）相关内容。

“第四章　在线安全分析管理”制定了在线安全分析业务的管

理性要求。考虑到公司通用制度已对该业务进行了细致规范，为控制《规定》篇幅，本次修编仅提出一般性要求，不再引用公司通用制度全文；此外结合实际业务开展情况，完善了在线安全分析考核指标体系。

“第五章　电力现货市场和应急调度管理”结合省间日内现货市场、辅助服务市场、日内应急调度的建设情况和政府相关规定，提出了管理性要求。

“第六章　调度运行应急管理”针对故障处置预案编制和演练、备用调度制定了管理性要求。考虑到公司通用制度已对预案编制和演练业务进行了细致规范，本次修编仅提出一般性要求，不再引用公司通用制度全文；删除了大面积停电应急管理相关内容；备用调度运行管理一节补充了“同城双活、异地灾备”相关要求。

“第七章　重大事件汇报管理”制定了重大事件汇报的管理性要求。考虑到公司通用制度已对该业务进行了细致规范，本次修编仅提出一般性要求，不再引用公司通用制度全文；此外收录了《国调中心关于加强调度信息报送的通知》（调调〔2022〕3 号）相关内容，强化了负荷损失、用户停电等信息的报送管理。

“第八章　调度运行信息统计分析管理”制定了调度运行信息统计分析的管理性要求。本次修编修订了调度数据统计规范，优化了统计分析内容。

“第九章　调度员持证上岗管理”针对调度员培训、考试组织、证书复审制定了管理性要求。本次修编结合各单位实际情况，不再统一规定参加值班岗位资格考试应具备的条件，而是要求各单位自行制定调度员持证上岗管理办法，明确调度员岗位晋升的具体要求。

“第十章　附则”对“以上”“以下”含义进行了说明，同时明确了规定由国调负责解释并监督执行。

目　录

第一章　总　　则

第一条　为进一步加强国家电网有限公司（以下简称公司）调度运行专业规范化管理，明确调度运行管理职责和业务流程，依据《国家电网调度控制管理规程》等公司规程规定和通用制度，制定本规定。

第二条　本规定的适用范围为公司范围内省级以上调度机构的调度运行专业，包括国家电力调度控制中心（以下简称国调）、区域电力调度控制中心（以下简称网调）、省（自治区、直辖市）电力调度控制中心（以下简称省调）的调度运行专业。

第三条　国调调度运行专业（以下简称国调调度）主要职责包括：

（一）负责国调直调系统实时调度运行控制，开展国调直调系统倒闸操作、故障处置等实时调度运行业务；指导网省调开展实时调度运行业务。

（二）负责国调调度运行专业安全内控管理，开展相关电网运行事件通报和约谈工作。

（三）负责国调直调系统在线安全分析，组织国网省调开展跨区电网联合在线安全分析。

（四）组织开展省间日内现货交易及跨区应急调度交易。

（五）负责国调直调系统故障处置预案编制，组织国网省调编制跨区电网故障联合处置预案；负责国调直调系统故障处置演练，组织国网省调开展跨区电网故障处置联合演练；负责国调备用调度日常管理和切换演练，指导网省调开展备用调度日常管理和切换演练。

（六）开展全国电力生产日报、旬报编制及报送。

（七）负责国调调度员培训考试及持证上岗管理，组织网调调度员培训考试及持证上岗管理；组织承担国调直调设备运行、监控与运维业务的厂站运行人员、监控员、输变电设备运维人员（以下简称设备运维人员）培训考试及持证上岗管理。

（八）开展相关文件规定的其他工作。

第四条 网调调度运行专业（以下简称网调调度）主要职责包括：

（一）负责区域电网实时调度运行控制，开展网调直调系统倒闸操作、故障处置等实时调度运行业务；指导区域内省调开展实时调度运行业务。

（二）负责网调调度运行专业安全内控管理。

（三）负责网调直调系统在线安全分析，组织区域内省调开展联合在线安全分析，配合国调开展跨区电网联合在线安全分析。

（四）组织开展日内区域电网省间辅助服务交易及应急调度交易；配合国调开展省间日内现货交易及跨区应急调度交易；配合国调组织国调直调机组参与调峰辅助服务市场。

（五）负责网调直调系统故障处置预案编制，组织区域内省调编制电网故障联合处置预案，配合国调编制跨区电网故障联合处置预案；负责网调直调系统故障处置演练，组织区域内省调开展电网故障处置联合演练，配合国调开展跨区电网故障处置联合演练；负责网调备用调度日常管理和切换演练，指导区域内省调开展备用调度日常管理和切换演练。

（六）开展电力生产日报、旬报编制，按要求报送国调。

（七）组织区域内省调调度员培训考试及持证上岗管理；组织网调直调设备运维人员培训考试及持证上岗管理。

（八）开展相关文件规定的其他工作。

第五条 省调调度运行专业（以下简称省调调度）主要职责包括：

（一）负责省级电网实时调度运行控制，开展省调直调系统倒闸操作、故障处置等实时调度运行业务；指导地县调开展实时调度运行业务。

（二）负责省调调度运行专业安全内控管理。

（三）负责省调直调系统在线安全分析，配合国调、网调开展联合在线安全分析。

（四）组织开展省内日内（或实时）电力现货交易及辅助服务交易；配合国调、网调组织开展省间日内现货交易、区域电网省间辅助服务交易及跨省跨区应急调度交易。

（五）负责省调直调系统故障处置预案编制，配合国调、网调编制电网故障联合处置预案；负责省调直调系统故障处置演练，配合国调、网调开展电网故障处置联合演练；负责省调备用调度日常管理和切换演练。

（六）开展电力生产日报、旬报编制，按要求报送国调、网调。

（七）组织省内地县调调度员培训考试及持证上岗管理；组织省调直调设备运维人员培训考试及持证上岗管理。

（八）开展相关文件规定的其他工作。

第六条 地调、县调调度运行专业职责由相应调度机构参照本规定予以制定。

第七条 国网省调调度运行专业管理除严格执行本规定外，还应严格遵守公司相关规程规定和通用制度，包括但不限于：

（一）《国家电网调度控制管理规程》（国家电网调〔2014〕1405 号）。

（二）《国家电网有限公司调控机构调度运行交接班管理规定》[国网（调/4）327—2022]。

（三）《国家电网有限公司调度机构安全工作规定》[国网（调/4）338—2022]。

（四）《国家电网有限公司在线安全分析工作管理规定》[国网（调/4）331—2022]。

（五）《国家电网有限公司调度机构预防和处置大面积停电事件应急工作规定》[国网（调/4）344—2022]。

（六）《国家电网有限公司调度系统故障处置预案管理规定》[国网（调/4）329—2022]。

（七）《国家电网公司调度系统电网故障处置联合演练工作规定》[国网（调/4）330—2014]。

（八）《国家电网有限公司调度系统重大事件汇报规定》[国网（调/4）328—2019]。

第二章　调度运行值班管理

第一节　值班岗位设置

第八条　省级以上调度机构调度运行专业应统一调度员值班岗位设置及名称。调度员值班岗位分为调度值长、安全分析工程师、主值调度员、日内现货交易员、副值调度员和实习调度员。

第九条　原则上，国调、网调每值值班调度员（不含实习调度员）应至少 4 人，省调每值值班调度员（不含实习调度员）应至少 3 人。

第十条　实习调度员通过入职培训、现场实习、跟班实习等形式熟悉电网调度工作。跟班实习期间，实习调度员可在值内人员监护下开展调度运行业务，安全责任由监护人员承担。

第十一条　副值调度员主要负责直调系统运行监视、发输电计划临时调整、操作指令拟写、电力生产报表编制等工作。

第十二条　日内现货交易员主要负责日内现货市场和辅助服务市场运营、市场出清结果安全校核、市场交易信息披露、应急调度交易组织等工作。

第十三条　主值调度员主要负责直调系统设备倒闸操作、电网运行方式调整、新设备启动调试等工作。

第十四条　安全分析工程师主要负责直调系统稳定特性在线分析、针对薄弱点开展事故预想、编制故障处置预案、协助值长进行故障处置等工作。

第十五条　调度值长全面负责值内调度运行事务，是值内安全生产第一责任人，应全面掌握调度运行工作技能，具备应对电网复杂情况、处置突发事件的综合能力，具备基本的专业管理能力。

第十六条　值班期间，调度值长应安排值内专人负责监盘事务。监盘人员应密切监视直调系统运行情况以及旋备、频率等关键指标，核对断面潮流和母线电压限额，掌握电网运行安全裕度，及时处置综合智能告警信息。

第十七条 原则上，网省调应由主值以上岗位调度员接听国调调度电话。

第二节 调度值班业务

第十八条 省级以上调度机构值班调度员应规范开展实时运行监控、值班信息共享、设备倒闸操作、电网故障处置、交接班等调度值班业务。

第十九条 省级以上调度机构值班调度员应做好实时业务会商，针对以下业务，积极进行两方或多方会商。

（一）联合在线安全分析。

（二）临时预案编制。

（三）重大操作配合。

（四）跨区跨省计划调整。

（五）故障处置配合。

第二十条 省级以上调度机构值班调度员应做好日内运行情况通报。白班调度员接班后，国调调度值长通过调度电话组织各网调开展主网运行情况通报，网调调度值长组织区域内各省调开展主网运行情况通报。通报内容包括但不限于以下内容：

（一）跨区跨省输电系统运行情况。

（二）电力平衡保供和清洁能源消纳情况。

（三）电网重大故障异常。

（四）日内重要停送电操作。

（五）涉及其他调度机构配合的工作。

第二十一条 省级以上调度机构调度值班应统一主网运行信息共享展示，强化实时运行业务协同，实时共享气象、水情、雷电、山火、覆冰等数据信息，统一发布主网故障、缺陷异常、重大检修、重大保电、风险提示等信息情况。

第二十二条 省级以上调度机构应部署实时态、未来态智能限

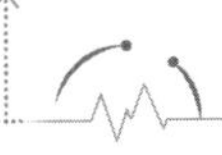

额功能，值班调度员应密切监视电网实时态、未来态调度运行关键指标，掌握电网运行整体情况和主要风险，做好运行控制安排。当实时态电网运行关键指标达到告警状态等级时，应强化针对性监视措施，密切关注指标变化趋势，及时预控风险。当实时态电网运行关键指标达到越限状态等级时，应立即采取有效控制措施，调整电网运行方式，消除越限状态。当未来态电网运行关键指标预警电网运行潜在风险时，应及时采取必要预控措施。

第二十三条 针对特高压交直流系统、密集输电通道、核电送出线路及厂用电接线、清洁能源消纳等运行值班关注重点，省级以上调度机构应按照设备调管范围在调度技术支持系统中设置专项运行监视界面，以便值班调度员全面掌握电网运行情况。

第二十四条 省级以上调度机构应协同本单位设备管理部门、运维单位强化对密集输电通道、线路“三跨”（线路跨越线路、铁路、公路）、核电送出线路及厂用电接线等设备运行风险的监视，及时从社会相关部门获取信息，有效控制电网故障可能造成的社会影响，制定切实有效的处置措施。

第二十五条 省级以上调度机构应规范操作预令下发流程。设备计划停送电操作前，值班调度员应提前下发操作预令至下级调度机构、集控站、厂站等受令单位运行值班人员。

第二十六条 省级以上调度机构应规范操作指令下令、回令流程。操作下令时，值班调度员应将操作指令下达至下级调度机构、集控站、厂站等受令单位运行值班人员，运行值班人员完成指令操作后，应及时向值班调度员汇报操作结果。

第二十七条 省级以上调度机构应结合实际情况，针对母线、主变、线路、继电保护及安自装置实施设备状态令操作。值班调度员应针对设备状态进行操作下令。当设备操作仅涉及一个单位时，可针对设备操作初态和终态进行操作下令；涉及多个单位时，原则上不允许设备各侧间跨状态下令。

第二十八条 省级以上调度机构应在确保安全合规的基础上，逐步实行设备冷备用操作，明确适用设备范围，提升倒闸操作效率。

第二十九条 省级以上调度机构调度值班应加强电网故障协同处置，发生直调设备故障影响其他电网运行时，应及时通报相关调度机构，共享故障协同处置所需的相关信息。需上级或同级调度机构配合处置时，相关调度机构应向上级调度机构申请。

第三十条 电网频率异常时，网调应作为频率异常处置的指挥者，在省调协同配合下，尽快将频率恢复到正常范围；单个省网或省内局部电网与主网解列后，省网或省内局部电网内的频率异常由相应省调负责指挥协调处置。若需上级调度机构配合，可向上级调度机构提出调整建议。

第三十一条 直调范围内厂站母线电压异常时，调度机构应首先指挥直调厂站并会同下级调度机构在本地区内进行调压，经过调整电压仍超出合格范围时，可申请上级调度机构协助调整。

第三十二条 直调范围内断面潮流越限时，调度机构应指挥直调厂站并会同下级调度机构进行潮流调整，必要时可申请上级调度机构协助调整，尽快将潮流控制到稳定限额以内。

第三十三条 对于持续时间较长、暂时不能恢复的故障，相关调度机构应开展故障后在线安全分析，修改发输电计划，分析电力电量平衡，组织跨区跨省支援，视情况发布风险预警。

第三十四条 省级以上调度机构值班调度员应按照《国家电网有限公司调控机构调度运行交接班管理规定》的相关要求，规范开展调度运行交接班工作，准确无误地传递电网运行信息。

第三节 主网重大操作风险管控

第三十五条 省级以上调度机构调度运行专业开展主网重大操作时，应落实故障处置预案编制与演练、在线安全校核、操作风险预控等调度风险管控措施。

第三十六条 需要严格落实调度风险管控措施的主网重大操作范围包括但不限于：

（一）交流同步电网解并列操作。

（二）220kV 以上交流设备停电操作，且操作后若发生交流设

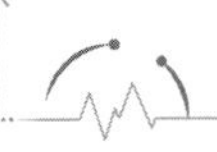

备 $N-1$ 故障或同塔并架线路 $N-2$ 故障会导致交流同步电网解列或直流孤岛运行，或可能造成小地区电网全停且负荷损失达到《国家电网有限公司安全事故调查规程》规定的四级电网事件等级以上。

（三）引起非点对网送出断面限额降幅超过 50%的 220kV 以上交流线路、母线、主变停电操作。

（四）电压控制要求严格且调整困难的 220kV 以上长链式输电线路停送电操作。

（五）330kV 以上且运行机组出力超过 200 万 kW（西藏电网为 220kV 以上、运行机组出力超过 10 万 kW）的电厂送出系统中线路、母线等设备送电操作。

（六）四级以上风险预警涉及的设备停送电操作。

第三十七条　主网重大操作故障处置预案编制与演练

（一）省级以上调度机构调度运行专业应结合月度设备检修计划安排，提前梳理主网重大操作项目，开展安全校核和风险分析，并告知相关调度机构和设备运维单位。

（二）针对主网重大操作风险和操作后的薄弱环节，应编制故障处置预案。当涉及多级调度机构时，由直调该设备的调度机构组织编制故障联合处置预案，其他调度机构配合。

（三）一般应于设备计划停电前三个工作日完成预案编制。相关调度机构所有调度员均应熟练掌握。

（四）预案编制完成后应及时开展演练，一般应于设备计划停电前两个工作日完成。针对联合预案，由直调该设备的调度机构开展联合演练，其他调度机构配合。

第三十八条　主网重大操作在线安全校核

（一）主网重大操作前，直调该设备的调度机构调度运行专业应开展在线安全校核。

（二）对于设备停电操作，应开展潮流计算、暂态稳定计算等，分析操作前后断面潮流、母线电压变化，分析操作后电网运行薄弱环节，评估运行控制措施的可行性。

（三）对于设备送电操作，应开展针对设备自身故障的短路电流计算、暂态稳定计算等，分析短路电流水平、电压波动情况等，评估可能导致的负荷损失、机组跳闸、直流换相失败等运行风险。

（四）在线安全校核发现运行方式、检修工作等安排存在安全隐患时，应及时联系相关专业，在有明确结论前不予操作。

第三十九条 主网重大操作风险预控

（一）主网重大操作前，直调该设备的调度机构调度运行专业应提前评估操作值调度员业务承载力水平，合理安排值班人数。

（二）主网重大操作前，应开展以下工作：

1. 评估操作对网架结构、潮流分布、二次设备等的影响，合理安排操作时间。

2. 提前梳理相关系统运行控制措施，确认各项措施已落实到位。

3. 与设备运维人员确认待送电设备的接地刀闸、临时接地线等已拉开或拆除。

4. 与设备运维人员确认待送电设备与基建设备、技改设备已可靠隔离。

5. 熟练掌握操作风险及故障处置预案、在线校核结果。

（三）故障跳闸线路试送或强送前，应视情况采取调整近区运行机组出力、降低断面潮流等预控措施。

第四节 值班日志记录

第四十条 省级以上调度机构值班调度员应及时、完整、准确地在电子化值班日志中记录与调度运行业务相关的各类事件，应结合事件类别记录全部关键信息并使用规范用语。调度值长应审定值班日志内容，并将其作为调度运行交接班的主要依据。

第四十一条 值班日志权限管理要求如下：

（一）仅值班调度员具备值班日志记录权限，禁止修改或删除非本班次的值班日志。

（二）原则上仅调度员具备值班日志查阅权限。其他部门或调度机构其他专业确需查阅值班日志的，须经调度机构负责人同意，

查阅时应有专人陪同。

（三）查阅人未经批准不得将值班日志泄露给他人。

第四十二条　值班日志应至少保存 5 年，以备查阅。

第四十三条　省级以上调度机构调度运行专业应指定专人负责值班日志的巡视维护、功能升级等工作。

第五节　调度运行后评估

第四十四条　省级以上调度机构调度运行专业应建立电网调度运行后评估机制，总结调度运行经验与不足，提炼反映调度行为安全性和经济性的评价指标，持续优化调度行为。

第四十五条　省级以上调度机构调度运行专业应开展实时调度运行后评估，对发输电计划修改、设备倒闸操作、在线安全分析、风险预警预控等调度业务进行评价，定期编制评估报告。

第四十六条　省级以上调度机构调度运行专业应开展电网重大故障处置后评估，评价安全自动装置动作正确性和策略适应性，分析故障对电网运行的影响，评价故障处置预案的合理性，总结故障处置的经验与不足，编制形成故障分析报告。

第四十七条　省级以上调度机构调度运行专业应开展调度技术支持系统应用后评估，从建设质量、运行水平及应用成效等维度对调度技术支持系统进行评估，以提升调度技术支持实用化水平。

第四十八条　省级以上调度机构调度运行专业应开展日内市场交易和应急调度交易后评估，详细梳理市场化交易和应急调度交易对电网运行的影响，定期编制评估报告。

第四十九条　省级以上调度机构调度运行专业应开展调度员承载力后评估，建立调度员承载力评估机制，不断完善承载力分析模型，指导调度运行业务优化。

第三章 调度运行安全内控管理

第一节 安全员管理

第五十条 省级以上调度机构调度运行专业应设置安全员，负责协助调度运行专业负责人组织开展调度运行安全管理工作，建立和完善调度运行专业安全管理规章制度，逐年制定调度运行专业安全生产目标并督促执行；细化调度运行岗位安全职责及考核标准，提出调度员绩效考核评价建议。

第五十一条 安全员应落实上级调度机构安全管理相关工作要求，配合本级调度机构专职安全员完成各项安全活动。

第五十二条 安全员应组织开展调度运行安全隐患排查、业务规范性检查、安全学习培训考试、值班场所安全巡视等安全监督管理工作。

第五十三条 安全员应每季度组织本单位调度员开展专题安全学习活动，宣贯国家法律、法规和行业有关安全标准、制度及其他规范性文件；每年修订完善本单位调度运行专业安全内控管理规定。

第五十四条 安全员应组织开展调度运行风险预控及隐患排查工作。

（一）针对调管范围内系统运行薄弱环节、设备缺陷异常、重大方式调整以及其他需重点关注问题，及时进行风险提示，提出在线安全分析、专项故障预案编制及演练要求。

（二）针对调管范围内设备月度检修计划安排，每月组织开展电网运行风险点分析，提出风险预控措施建议。

（三）针对实时调度运行暴露的问题，定期整理分析调度运行风险，总结安全隐患，提出整改建议，并跟踪整改落实情况。

（四）针对涉及调度机构其他专业或下级调度机构的问题隐

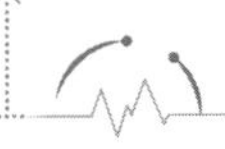

患，及时反馈相关责任处室、单位，并跟踪整改落实情况。对于较为严重的问题隐患，视情况向调度机构专职安全员、调度机构负责人反馈。

第五十五条　安全员按月开展调度运行业务规范性检查，形成安全内控检查报告，明确存在问题及整改措施。检查内容应涵盖：

（一）至少 5 天的值班日志记录规范性检查。

（二）至少 10 张调度操作票正确性、规范性检查。

（三）至少 20 段调度业务联系电话录音规范性检查。

（四）至少 5 次调度运行交接班过程规范性检查。

（五）至少 5 次对值班调度员故障处置预案、稳定规定、重大检修方式安排、电网实时运行风险等掌握情况检查。

（六）对调管范围内有较大影响的故障异常（如造成重要设备停运、负荷损失等）处置正确性、合理性进行检查评价。

第五十六条　安全员应组织开展调度运行专业安全学习培训及考试。

（一）制定本专业年度安全学习培训计划。

（二）组织新入职、离开调度运行岗位 3 个月以上的调度员开展专项安全教育培训和考试。

（三）每月组织调度运行专业安全日学习活动，组织学习电网调度运行相关规定，通报近期安全内控检查情况，总结分析电网故障异常处置典型案例。

第五十七条　安全员应组织调度运行值班场所安全巡视。

（一）组织值班调度员每日进行值班场所安全巡视，每周检查巡视记录。

（二）组织备调调度员每月开展备调自动化、调度电话等系统功能检查，及时反馈缺陷并督促消缺。

第五十八条　省级以上调度机构调度运行专业负责人应依据相关工作要求对安全员工作完成情况进行评价，并纳入员工绩效考核。

第二节　电网运行事件通报和约谈

第五十九条　为切实保障大电网安全稳定运行，及时通报对电网安全运行产生较大影响的事件，促进相关单位吸取教训、开展自查、制定措施并消除隐患，国调调度组织开展电网运行事件通报和约谈。

第六十条　国调调度采用事件快报方式发布电网运行事件通报。网调调度可向国调调度提交申请发布的通报内容，经国调调度审核后发布。

第六十一条　直调范围内发生以下电网运行事件时，相关调度机构应组织开展事件分析，原则上应于3个工作日内将事件分析报告以邮件形式报送国调调度。事件分析报告包括但不限于事件经过、一二次设备动作情况、处置过程、原因分析、暴露问题及整改措施。国调调度可视情况向网省调发布事件快报。

（一）500kV以上电网一次设备存在家族性缺陷，并构成重大安全隐患的事件。

（二）220kV以上电网一次设备发生误操作事件。

（三）500kV以上设备发生三相金属性短路故障事件。

（四）其他对公司电网安全运行造成严重影响或性质恶劣的事件。

第六十二条　网省调收到事件快报后，应尽快组织学习、开展专项排查，根据排查情况制定整改措施及实施计划。

第六十三条　针对公司各级调度机构及相关单位因安全管理不到位对电网运行造成恶劣影响或构成重大隐患的事件，国调调度可视情况约谈相关调度机构或单位负责人。

第六十四条　国调调度约谈涉及的电网运行事件包括：

（一）220kV以上电网一次设备发生误操作事件。

（二）因故障处置不当造成影响范围扩大的事件。

（三）违反《国家电网有限公司调度系统重大事件汇报规定》，多次出现迟报、漏报、瞒报、谎报、错报等行为的事件。

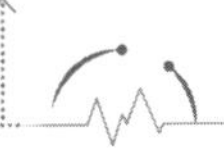

（四）其他违反调度纪律，性质恶劣且对电网安全造成严重影响的事件。

第六十五条　国调调度约谈可采取当面会谈、电视电话会议等方式，约谈通知单以传真文件、邮件等形式下发至相关调度机构或单位。

第六十六条　网省调或有关单位接到约谈通知后，应及时、深入开展事件分析，并由负责人带队参加约谈。约谈后 5 个工作日内，应将整改措施及实施计划以书面形式报送国调调度。

第四章　在线安全分析管理

第六十七条　省级以上调度机构应按照《国家电网有限公司在线安全分析工作管理规定》的相关要求，规范开展人员组织、分析计算、数据维护、系统维护等工作，持续提升在线安全分析应用水平。

第六十八条　国调调度建立在线安全分析考核指标体系，定期对网省调在线安全分析工作开展情况进行评价，结果纳入调度机构工作考核。

第六十九条　在线安全分析考核指标体系包括机制建设、模块功能、在线分析应用、数据质量、创新与实用化等五方面内容。考核内容包括 5 大类 16 小项指标，详见附件 1。考核形式为系统自动采集和国调调度定期抽查。

第七十条　在线安全分析考核实行百分制，满分 100 分。完成目标值得基准分 85 分，未完成目标值按照考核标准扣分。超额完成时，按照考核标准加分，最多加 15 分。

第七十一条　在线安全分析考核按季度开展。国调调度每季度统计网省调考核情况，并在下季度第一个月发布。国调调度根据季度考核情况形成年度考核报告，并在次年 1 月发布。

第五章　电力现货市场和应急调度管理

第七十二条　负责电力现货市场和应急调度组织的调度机构应确保市场出清结果和应急调度交易结果满足电力系统安全稳定运行要求。

第七十三条　省间日内现货交易由国调和网调负责组织，省级以上调度机构应按调管范围及时准确地维护跨区、跨省、省内通道限额，网调负责对省间日内现货交易预结果进行安全校核，并及时确认或反馈。

第七十四条　上级调度机构直调机组参与下级调度机构负责运营的日内辅助服务市场时，下级调度机构应将出清结果上报上级调度机构，由上级调度机构向直调机组发布出清结果。

第七十五条　省级以上调度机构应按照《跨省跨区电力应急调度管理办法》《跨区电力应急调度管理办法实施细则》等规则规定的要求，合规地开展跨省跨区日内应急调度。跨区日内应急调度由国调负责组织，区域内省间日内应急调度由网调负责组织。

第七十六条　省级以上调度机构应按照《电力现货市场信息披露办法（暂行）》《跨省跨区电力应急调度管理办法》等规则规定的要求，开展电力市场和应急调度信息披露。

第六章　调度运行应急管理

第一节　故障处置预案编制和演练

第七十七条　省级以上调度机构应按照《国家电网有限公司调度系统故障处置预案管理规定》的相关要求，规范开展故障处置预案编制、修订和校核工作，持续提升故障处置预案的指导性和实用性。

第七十八条　省级以上调度机构应按照《国家电网公司调度系统电网故障处置联合演练工作规定》的相关要求，针对可能出现的需要多级调度机构协同处置的电网严重故障等情况，规范开展电网故障处置联合演练，提高调度系统应急反应能力。

第七十九条　省级以上调度机构应根据直调系统的实际需要，利用调度员培训仿真系统（DTS）常态化独立开展电网故障处置演练，原则上每两周开展一次，持续提升应急处置水平。

第二节　备用调度运行管理

第八十条　“同城双活、异地灾备”备调体系包含同城备调、异地备调两种形式。同城备调是指在本级调度机构所在城市区域内，以应对突发情况为主要用途，具备常态化承担调度运行业务功能的第二值班场所。异地备调是指与本级调度机构不在同一地区，以应急防灾为主要用途，具备随时承接主调调度指挥功能的调度场所。

第八十一条　具备同城备调的省级以上调度机构，应按照满足同城双场所同步值守的需求进行调度员配置和培养。同城双场所同步值守时，双场所调度员按同值管理，明确业务分工。

第八十二条　异地备调所在地的调度机构每值至少配备 1 名取得主调持证上岗资格的调度员，参与异地备调值守。

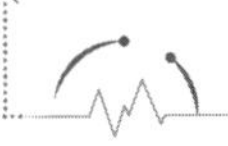

第八十三条 备调调度员岗位职责包括：

（一）全面掌握电网运行情况和调度业务开展进度。

（二）开展备调自动化、通信等技术支持系统可用性核查，及时更新备调岗位相关业务资料。

（三）辅助主调承担故障预案编制等部分调度业务，确保具备随时接管调度指挥权的条件。

第八十四条 省级以上调度机构应规范开展主备调应急演练，以校验主、备调技术支持系统技术及管理资料的一致性、可用性，逢重要保电可视情况安排主备调同步值守。

（一）原则上每年应至少组织一次电网调度指挥权转移至异地备调的综合性应急演练或同步值守演练，演练时长至少 72 小时。

（二）具备同城备调的调度机构，原则上每季度应组织一次电网调度指挥权转移至同城备调的应急演练或同步值守演练，演练时长至少 24 小时。

第八十五条 当遭遇突发事件紧急启用备调时，备调人员应按照规定与主调进行调度权交接，与主调核实电网运行要点，包括正在进行的操作、运行方式的变化等。备调切换后，备调人员应立即联系相关调度机构、重要直调电厂，通报备调应急启动情况。备调应急启用期间，备调人员应与主调加强沟通，掌握主调恢复进度，当主调功能确认恢复后，将调度权移交至主调。

第七章　重大事件汇报管理

第八十六条　省级以上调度机构应严格执行《国家电网有限公司调度系统重大事件汇报规定》，加强与营销、设备、宣传等专业的工作协同和信息共享，重大事件发生后，及时、准确、畅通地向上级调度机构汇报相关信息。

第八十七条　对于电网故障造成负荷损失的重大事件，省级以上调度机构应第一时间向上级调度机构报告对民生用电、重要用户的影响情况。

第八十八条　如发生以下情况，省级以上调度机构至少应对照《国家电网有限公司调度系统重大事件汇报规定》中“一般报告类事件”的要求进行逐级汇报：

（一）直辖市、省会城市、计划单列市等重要敏感城市发生停电事故，可能造成社会舆情的情况。

（二）与重大安全事故、较大社会影响事件相关的停电信息。

（三）造成县级电网50%以上负荷损失，或县城全停的情况。

第八十九条　重大事件汇报情况纳入调度机构工作考核。对于迟报、漏报、瞒报、谎报、错报的情况，国调调度将考核相关调度机构并全网通报。

第八章　调度运行信息统计分析管理

第九十条　调度运行信息统计分析工作的基本任务是对公司各级调度运行专业的电网运行情况进行统计调查、分析，实行统计监督，实施电网调度管理工作的量化评价，实现调度运行核心业务闭环管理。

第九十一条　调度运行信息统计分析工作涵盖电网调度运行的全过程，包含但不限于以下统计内容：

（一）电力电量数据。

（二）直调发输变电设备规模统计。

（三）电能质量指标（频率）统计。

（四）发输变电设备故障、异常及缺陷统计。

（五）负荷管理措施、负荷损失统计。

（六）电力线路走廊山火、覆冰统计。

（七）倒闸操作、发输电计划调整等业务统计。

（八）日内现货交易、应急调度统计。

（九）调度员承载力统计。

（十）在线安全分析统计。

第九十二条　调度运行信息统计分析遵循统一数据来源、统一统计口径的原则，按日进行统计，按旬（月、季、年）进行分析。

第九十三条　国调调度开展以下工作：

（一）负责统一组织制订调度运行信息统计分析指标体系。

（二）负责国调调管范围内的数据统计工作。

（三）汇总审核各网调的调度运行信息统计报表。

（四）负责审核各专业分析报告并批准发布国家电网调度运行信息统计分析报表、报告。

（五）负责调度运行信息统计分析工作的管理及考评。

第九十四条　网调调度开展以下工作：

（一）负责组织指导本区域各省调开展调度运行信息统计分析工作。

（二）负责网调调管范围内的数据统计工作。

（三）汇总审核本区域各省调的调度运行信息统计报表，并报送国调。

（四）审核各专业分析报告并批准发布本区域调度运行信息统计分析报告。

第九十五条 省调调度开展以下工作：

（一）负责开展本省电网调度运行信息统计分析工作。

（二）汇总审核本省电网调度运行信息统计报表，并报送网调。

（三）审核各专业分析报告并批准发布本省电网调度运行信息统计分析报告。

第九十六条 省级以上调度机构调度运行专业应将调度运行信息统计分析工作纳入调度重点工作计划，建立完备的统计分析工作机制，规范数据报送业务流程，针对调度运行专业核心业务开展统计工作，深度分析电网运行统计数据，重点监测调度运行指标，以满足电网运行、专业管理和相关信息需求。

第九十七条 省级以上调度机构调度运行专业应配备专职或兼职人员负责本部门的调度运行信息统计分析工作，人员应具有较高的业务素养和高度责任心，并保持基本稳定。

第九十八条 省级以上调度机构调度运行专业应加强调度运行信息统计分析配套应用功能建设，为调度运行信息统计分析提供真实、可靠的数据来源，尽量减少人工填报数据，保证统计分析基础数据的及时性、准确性。

第九十九条 省级以上调度机构调度运行专业应加强运行统计信息接入管理，按照源端维护的原则，统一发电厂及电网设备运行统计信息的接入标准和规范，保证数据来源的真实可靠。

第一百条 省级以上调度机构调度运行专业应按照政府部门、监管机构、公司有关部门对调度运行信息统计的综合需求，结合电网运行和调度生产管理要求，编制相应的统计旬报、月报、季报和

年报。

第一百〇一条　省级以上调度机构调度运行专业编制的统计报表，应确保统计数据准确、对外数据一致，发布前应经本部门分管领导批准。省级以上调度机构调度运行专业对所报送报表的及时性、准确性和完整性负责，统计报表一经发布，各类分析报告应统一引用，不得随意删改统计数据。

第一百〇二条　省级以上调度机构调度运行专业应当通过日统计、月分析，总结电网运行规律和趋势，评估电网方式和调度计划安排合理性。对于指标分析中反映出的负荷特性、电网运行、调控管理等方面存在的重要问题，应及时反馈有关部门统筹解决。

第一百〇三条　省级以上调度机构调度运行专业应当按照公司有关保密规定组织开展调度运行信息统计分析工作，信息报送人员要提高统计信息安全保密意识，严格遵守保密工作要求，按规定和权限负责统计报表整理和上报工作，未经许可，任何个人不得擅自对外提供调度运行信息和统计分析结果。

第一百〇四条　调度运行信息统计分析工作纳入公司统一考评管理。

第一百〇五条　网调对省调报送报表和报告的及时性、数据的准确性提出考评意见。国调对网调报送报表和报告的及时性、数据的准确性进行考评，参考网调考评意见对省调进行考评，并发布省级以上调度机构调度运行专业考评结果。

第一百〇六条　国网省调按照调度数据统计规范报送相关报表，详见附件2。

第九章　调度员持证上岗管理

第一节　人　员　培　训

第一百〇七条　省级以上调度机构调度运行专业应根据工作实际需要，制定调度员年度培训计划并组织实施，对调度员开展日常培训和常规考核。

第一百〇八条　国调调度负责国网省调调度员培训工作的汇总管理，直接负责国调调度员培训组织管理工作，指导网省调开展调度员培训工作。

第一百〇九条　网调调度负责本区域调度员培训组织管理工作，指导区域内省调开展调度员培训工作。

第一百一十条　省调调度负责本省调度员培训组织管理工作，指导省内地县调开展调度员培训工作。

第一百一十一条　为提升调度员业务水平，结合调度运行岗位职责要求，可采用跨调度机构交流学习、跨专业轮岗、举办技术交流培训班、反事故演习、现场实习锻炼、调度网络题库答题等形式开展培训工作。培训结束后，调度员需参加培训结业考试和反事故演习考核，成绩计入个人培训档案，并作为岗位晋级重要依据。

第一百一十二条　网省调调度员晋升调度值长岗位前，应到上级调度机构进行跟班轮岗锻炼学习，时间不少于1周。

第一百一十三条　备调调度员培训考核应按主调值班人员同等要求进行，由主调及所在备调共同管理。

第二节　考　试　组　织

第一百一十四条　省级以上调度机构调度员必须通过岗位资格考试并取得岗位资格证书后，方可上岗。

第一百一十五条　省级以上调度机构应依据本规定及公司相

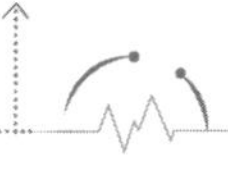

关规程规定制定本单位调度员持证上岗管理办法，明确调度员岗位晋升的具体要求。

第一百一十六条　国调调度负责国网省调调度员岗位资格考试工作的汇总管理，编制岗位资格考试题库，直接负责国调、网调调度员的岗位资格考试组织管理及成绩审核工作。

第一百一十七条　网调调度负责区域内省调调度员的岗位资格考试组织管理及成绩审核工作。

第一百一十八条　省调调度负责省内地县调调度员的岗位资格考试组织管理及成绩审核工作。

第一百一十九条　省级以上调度机构调度运行专业负责本单位考试人员信息采集、维护、核查及考试成绩录入等工作。

第一百二十条　省级以上调度机构调度员岗位资格考试分为调度值长、安全分析工程师、调度员资格三类分别组织。

第一百二十一条　各单位结合报名人员培训和业绩考核情况推荐参加考试人员，经上级调度机构信息核查通过后，方可参加考试。

第一百二十二条　原则上，国调每半年安排一次省级以上调度机构调度员岗位资格考试。每年3月份和9月份最后两周内，各单位将参加各类考试人员名单及其培训考核情况报送上级调度机构。

第一百二十三条　参加考试人员名单发布后，参考人员不得无故缺考，若因故不能参加考试，应提交请假申请，请假申请应包含请假人员、请假事由，并加盖所在单位公章。

第一百二十四条　参加考试人员应严格遵守考试纪律，弄虚作假和考试作弊者取消考试资格并书面通知其所在单位，且两年内不得参加该岗位资格考试。

第一百二十五条　国调视持证上岗考试结果可对考试通过率较低的单位进行通报。

第一百二十六条　备调调度员岗位资格考试应按主调值班人员同等要求开展。

第三节　证书复审与管理

第一百二十七条　省级以上调度机构调度员岗位资格证书由国调统一发放，证书有效期为三年，到期复审合格后继续有效。

第一百二十八条　调度员岗位资格证书复审工作由国调统一组织。证书到期人员按管理范围参加国调或网调组织的集中培训，培训结束并考试合格的，认定为复审合格。

第一百二十九条　值班调度员发生下列情况之一的，上级调度机构应对其提出警告，书面通知其所在单位，并向国调汇报相关情况：

（一）无故延误或拒绝执行调度指令但未造成严重后果。

（二）未及时向上级调度机构汇报调度规程或重大事件汇报规定中所规定需汇报的异常或故障情况。

（三）其他违反调度规程情况，情节较轻者。

第一百三十条　值班调度员发生下列情况之一的，上级调度机构应吊销其岗位资格证书，书面通知其所在单位，并向国调汇报相关情况：

（一）发生误操作。

（二）无故延误或拒绝执行调度指令且造成严重后果。

（三）一年内受到两次以上警告。

（四）岗位资格考试或复审考试作弊。

（五）其他违反调度规程情况，情节严重者。

第一百三十一条　被吊销岗位资格证书的调度员由所在单位安排六个月以上的培训教育，经所在单位考察具备重新上岗条件时，方可申请参加下一期岗位资格考试。

第一百三十二条　持证人员复审不合格或脱离原运行值班岗位满三个月，岗位资格证书自动失效，经所在单位考察具备重新上岗条件时，方可申请参加下一期岗位资格考试。

第一百三十三条　持证人员调离运行值班岗位，在调离一周内由所在单位提请注销备案，岗位资格证书自动失效。

第十章　附　　则

第一百三十四条　本规定所称的“以上”，均包含本数或者本级；所称的“以下”，不包含本数或者本级。

第一百三十五条　本规定由国调负责解释并监督执行。

附　　件

附件 1　在线安全分析考核细则

表 1　　在线安全分析考核指标体系

序号	指标项目	指标要求
1	**机制建设**	
1.1	安全分析工程师上岗情况	设立安全分析工程师专岗并在调度值班人员发文中明确，安全分析工程师取得国调中心颁发的岗位证书
1.2	在线分析工作情况报送	每月 26 日报送上月 26 日至本月 25 日的日常联合分析计算报告、重大停电操作前分析计算报告、电网故障后分析计算报告，以及人员培训情况、数据维护情况、试点工作开展情况等文字性材料
2	**模块功能**	
2.1	实时态模块	具备静态安全分析、频率计算、暂态稳定分析、小干扰稳定分析、短路电流分析、电压稳定分析、稳定裕度分析等计算功能（以下简称各类计算），每类计算能设置相应计算参数、给出辅助决策结果和自动生成报表；暂态稳定分析、小干扰稳定分析、电压稳定分析等能进行曲线调阅；具备考虑安控策略的在线安全分析功能，计算结果具备上传下发、互调互用功能
2.2	研究态模块	具备潮流数据下载/选择、潮流调整、数据校核、数据更新、异地联合计算、独立计算、结果上传下发、报表生成等功能，能进行各类计算分析，具备图形化操作功能
2.3	未来态模块	基于当前实时方式数据，根据日内计划数据生成未来一段时间内的电网运行方式，根据需要开展基态潮流计算、静态安全分析、短路电流计算等基本应用功能计算，可支持扩展应用功能计算；具备计算结果展示功能
3	**在线分析应用**	
3.1	电网实时分析计算	基于统一同步交流网数据，利用实时态模块开展各类计算，每 15min 上报计算结果，计算结果应完整正确合理
3.2	日常联合分析计算	每周至少组织或参与一次联合计算分析，计算应具有较强针对性，计算结果应正确合理，分析结论应清晰明确
3.3	重大操作前分析计算	（1）主网重大操作前，直调该设备的调度机构应开展在线安全校核，并形成分析报告。主网重大操作范围见本规定第二章第三节相关规定；

续表

序号	指标项目	指标要求
3.3	重大操作前分析计算	（2）对于设备停电操作，应开展潮流计算、暂态稳定计算等，分析操作前后断面潮流、母线电压变化，分析操作后电网运行薄弱环节，评估运行控制措施的可行性； （3）对于设备送电操作，应开展针对设备自身故障的短路电流计算、暂态稳定计算等，分析短路电流水平、电压波动情况等，评估可能导致的负荷损失、机组跳闸、直流换相失败等运行风险
3.4	电网故障后分析计算	电网发生跨区跨省直流闭锁、330kV 以上交流线路跳闸（重合不成功）、主变跳闸等故障时，直调该设备的调度机构应进行计算，并形成分析报告，计算结果应正确合理。分析报告应针对故障前在线数据进行仿真计算，并将仿真结果与 WAMS 数据等进行比较，针对故障后在线数据分析电网运行薄弱环节。应包含以下内容： （1）故障前电网状态：包括故障元件、故障相邻元件的功率和电压、重要断面功率、重要母线电压； （2）静态对比：故障后仿真结果是否有重要设备静态越限，若有越限，比较越限元件类型、越限值、越限百分比，仿真结果应与实际故障后潮流比对； （3）动态对比：暂稳计算曲线与 WAMS 曲线（线路功率或机组功角差）比对情况，包括发散或收敛情况、最大峰峰值、阻尼比、最低电压水平、波形相似度； （4）短路电流对比：短路电流计算结果与实际故障电流比对情况； （5）其他内容：小干扰分析、重要断面稳定裕度变化、故障后电网运行薄弱环节等
4	**数据质量**	
4.1	静态模型维护	（1）设备所属区域准确、数据格式符合《电网运行数据交换规范》要求； （2）静态参数校核（机组、交流线、变压器阻抗参数，交流线额定载流量、变压器额定容量、无功设备容量、断路器遮断电流等）准确无误； （3）新设备静态参数维护及时、准确，维护要求见《国家电网有限公司在线安全分析工作管理规定》； （4）直流参数校核（直流线名称、极数、直流线所在拓扑节点、换流器直流电压、直流功率、换流器状态、换流器变比及换流器控制角等）准确无误
4.2	动态模型维护	（1）动态模型参数（机组、线路、变压器等动态参数，故障集，安控策略）准确无误； （2）新设备动态参数维护及时、准确，维护要求见《国家电网有限公司在线安全分析工作管理规定》
4.3	实时数据维护	（1）电网实时数据（断面潮流、中枢点电压、变压器挡位、发电机机端电压及出力、无功补偿等）准确； （2）在线数据中设备运行状态与实际运行状态一致，不存在因上传错误、修改上传数据导致设备运行状态与实际不一致的情况

续表

序号	指标项目	指标要求
4.4	日内计划数据	（1）设备所属区域准确、数据格式符合要求； （2）计划及预测数据（超短期系统负荷预测数据、超短期母线负荷预测数据、日内分机组发电计划数据、日内联络线计划数据、日内设备停复役计划数据、日内稳定断面定义、日内稳定断面成员等）完整、准确，符合《在线日内计划数据质量评价说明》要求
5		**加分项**
5.1	管理制度创新	（1）在线工作体制创新，形成高效、合理的工作制度； （2）人员培训方面创新，形成持续、有效的安全分析工程师培训体系
5.2	技术创新	（1）结合调度运行情况，在在线安全分析领域有相应技术突破，拓宽在线模块功能并取得良好实用化效果； （2）在线相关专利获授权或在核心期刊发表相关论文
5.3	数据检查	发现其他调度机构调管范围内静态参数、动态参数、安控装置策略等错误
5.4	在线分析实用化	（1）利用在线分析工具，发现并消除电网运行风险，编制在线实用化案例并获评优秀案例； （2）承担国调中心在线实用化试点工作，按时完成任务，工作成果具备较高实用化水平

表 2　在线安全分析考核标准

序号	指标项目	指标单位	精确度	指标定义及计算方法	标准分值	备注
1				**机制建设（5 分）**		
1.1	安全分析工程师上岗情况			（1）设立安全分析工程师专岗并在调度值班人员发文中明确； （2）安全分析工程师获得国调中心颁发的岗位证书	3	（1）未发文明确安全分析工程师的扣 1 分； （2）安全分析工程师未获得国调中心颁发证书的，每人次扣 1 分； （3）每值须配置一名安全分析工程师，若发现值班无安全分析工程师的每次扣 0.5 分
1.2	在线分析工作情况报送			各单位报送材料应及时、完整。每月 26 日前将相关材料发至国调中心	2	（1）报送材料不及时，每次扣 1 分； （2）报送内容不完整，每次扣 1 分； （3）报送内容存在虚报、假报现象，扣 2 分

续表

序号	指标项目	指标单位	精确度	指标定义及计算方法	标准分值	备注
2	**模块功能（10分）**					
2.1	实时态模块			具备静态安全分析、频率计算、暂态稳定分析、小干扰稳定分析、短路电流分析、电压稳定分析、稳定裕度分析等功能（以下简称各类计算），每类计算能进行计算参数设置、给出辅助决策、能进行曲线调阅，具备考虑安控策略的计算功能，具备互调互用功能	3	（1）国调电话抽查或远方调阅模式，以当值安全分析工程师上报为准；（2）安全分析工程师能熟练使用，不熟悉相关功能者每人次扣0.3分
2.2	研究态模块			具备潮流数据下载/选择、潮流调整、联合计算、独立计算、结果上传下发、报表生成等功能，能进行各类计算分析，具备图形化操作功能	3	（1）国调电话抽查或远方调阅模式，以当值安全分析工程师上报为准；（2）安全分析工程师能熟练使用，不熟悉相关功能者每人次扣0.5分
2.3	未来态模块			基于当前实时方式数据，根据日内计划数据生成未来一段时间内的电网运行方式，根据需要开展基态潮流计算、静态安全分析、短路电流计算等基本应用功能计算，可支持扩展应用功能计算；具备计算结果展示功能	4	（1）国调电话抽查或远方调阅模式，以当值安全分析工程师上报为准；（2）安全分析工程师能熟练使用，不熟悉相关功能者每人次扣0.5分
3	**在线分析应用（40分）**					
3.1	电网实时分析完成率	%	小数点后两位	电网实时分析完成率＝（电网实时分析完成次数－实时态计算结果不正确次数）/应计算分析次数	10	（1）实时分析结果应由在线安全分析实时态模块每15分钟上报一次；（2）每次上报应包含各类计算结果，缺一类视为本次未上报；计算结果应正确合理，否则视为本次未上报；（3）本指标由国调在线分析实时态模块自动统计得出；（4）完成率达到阈值（初定95%，后续滚动调整），不扣分；未达到阈值，每低0.5个百分点扣0.3分

续表

序号	指标项目	指标单位	精确度	指标定义及计算方法	标准分值	备注
3.2	基准潮流计算误差率	%	小数点后两位	按重要断面潮流、中枢点电压指标进行分析： 重要断面有功误差率=Σ[（重要断面计算有功功率－实际有功功率）/实际功率]/断面总数； 中枢点电压误差率=Σ[（重要节点计算电压－实际电压）/实际电压]/重要节点总数； 基准潮流计算误差率=Σ（重要断面有功误差率×0.8+中枢点电压电压误差率×0.2）/实际计算次数	6	（1）重要断面为各单位年度方式中明确的调管范围内潮流断面及对其他调度机构有影响的断面；中枢点为调管范围电压控制点、电压监视点； （2）由国调在线分析实时态模块自动统计得出； （3）基准潮流计算误差率小于阈值（初定1%，后续滚动调整），不扣分；高于阈值，每高0.1个百分点扣0.3分
3.3	日常联合分析计算	次		每周至少组织或参与一次联合计算分析，计算应具有较强针对性，计算结果应正确合理，计算结论应清晰明确	8	（1）每少一份报告扣2分； （2）计算内容与计算题目不一致，每次扣0.7分； （3）未说明开展联合计算的原因和必要性，每次扣0.5分； （4）未完整开展各类计算，每次扣0.5分； （5）未包含组织单位或参与单位计算结果，每次扣0.5分； （6）提交的报告与联合计算其他单位报告计算结果不一致，每次扣0.4分； （7）计算结果不满足《电力系统安全稳定导则》《国家电网安全稳定计算技术规范》要求（比如静态$N-1$越限、短路电流越限、暂稳失稳等），但未给出原因，每次扣0.3分； （8）仅罗列计算结果未进行分析，每次扣0.3分； （9）计算条件、计算参数缺失或有误，每次扣0.2分； （10）本单位暂态分析无暂态曲线、小干扰分析无振荡模式图或振荡模式不典型，每次扣0.1分

续表

序号	指标项目	指标单位	精确度	指标定义及计算方法	标准分值	备注
3.4	重大操作前分析计算	次		主网重大操作前，直调该设备的调度机构应开展在线安全校核，并形成分析报告。主网重大操作范围及计算要求见本规定第二章第三节相关规定	8	（1）每少一份报告扣2分； （2）操作后进行计算，每次扣0.8分； （3）计算内容与计算题目不一致，每次扣0.7分； （4）对于设备停电操作，未分析操作前后断面潮流、母线电压变化，未分析操作后电网运行薄弱环节，每次扣0.5分； （5）对于设备送电操作，未针对设备自身故障分析短路电流水平、电压波动情况，未评估可能导致的负荷损失、机组跳闸、直流换相失败等运行风险，每次扣0.5分； （6）计算结果不满足《电力系统安全稳定导则》《国家电网安全稳定计算技术规范》要求（比如静态$N-1$越限、短路电流越限、暂稳失稳等），但未给出原因，每次扣0.3分； （7）计算条件、计算参数缺失或有误，每次扣0.2分； （8）本单位暂态分析无暂态曲线、小干扰分析无振荡模式图或振荡模式不典型，每次扣0.1分
3.5	电网故障后分析计算	次		电网发生跨区跨省直流闭锁、330kV以上交流线路跳闸（重合不成功）、主变跳闸等故障时，直调该设备的调度机构应进行计算，并形成分析报告，计算结果应正确合理。分析报告应针对故障前在线数据进行仿真计算，并将仿真结果与WAMS数据等比较，应针对故障后在线数据开展各类计算，分析电网运行薄弱环节	8	（1）对于当月20日前（含20日）发生的故障，分析报告随本月在线分析工作汇报报送；对于当月20日后发生的故障，分析报告随下月在线分析工作汇报报送； （2）每少一份报告扣2分； （3）计算内容与计算题目不一致，每次扣0.7分； （4）故障前电网状态：包括故障元件、故障相邻元件的功率和电压、重要断面功率、重要母线电压。如果初始潮流任一结果与实际值相差超过阈值（初定10%，后续滚动调整），扣0.5分；

续表

序号	指标项目	指标单位	精确度	指标定义及计算方法	标准分值	备注
3.5	电网故障后分析计算	次		电网发生跨区跨省直流闭锁、330kV以上交流线路跳闸（重合不成功）、主变跳闸等故障时，直调该设备的调度机构应进行计算，并形成分析报告，计算结果应正确合理。分析报告应针对故障前在线数据进行仿真计算，并将仿真结果与WAMS数据等比较，应针对故障后在线数据开展各类计算，分析电网运行薄弱环节	8	（5）报告内容中潮流分析、暂态稳定分析、短路电流分析内容缺失，每次扣0.5分； （6）未针对故障后在线数据开展各类计算，分析故障后电网运行薄弱环节，每次扣0.5分； （7）计算结果明显不合理且无合理解释，每次扣0.3分； （8）报告内容中潮流分析、暂态稳定分析、短路电流分析结果未与实际故障后潮流、WAMS曲线、实际故障电流等进行对比，每次扣0.3分； （9）对比结果未进行分析，或分析不合理，每次扣0.3分； （10）计算条件、计算参数缺失或有误，每次扣0.2分
4	**数据质量（30分）**					
4.1	数据检查			检查设备名称、实测数据、静态参数、动态参数	15	（1）各个设备表存在缺列扣0.01分；设备表中缺内容扣0.01分；设备表中内容错误的扣0.01分； （2）变压器挡位未填或错误、母线电压值越限、机端电压与额定电压相差较大、发电机出现不明原因的进相功率、发电机功率越限、无功设备功率越限及出现不明原因的负负荷（除发电机组等值外），以上情况出现一次，扣0.01分； （3）交流线电阻、电抗的数值与实际值偏差较大（大于10%）的，每次扣0.01分；交流线的电流上限与实际值偏差较大（大于10%），每次扣0.01分；变压器电阻、电抗的数值与实际值偏差较大（大于10%），每次扣0.01分；变压器绕组额定功率未填写或者与实际值偏差较大（大于

续表

序号	指标项目	指标单位	精确度	指标定义及计算方法	标准分值	备注
4.1	数据检查			检查设备名称、实测数据、静态参数、动态参数	15	10%），每次扣 0.01 分；变压器分接头位置与实际情况不一致，每次扣 0.01 分；电容电抗器的额定容量、额定电压没有填写或与实际值偏差较大（大于 10%），每次扣 0.01 分；断路器的遮断容量未填写或不正确，每次扣 0.01 分； （4）直流线名称、极数与实际不符，每次扣 0.01 分，换流器直流电压、直流功率、换流器状态、换流器变比及换流器控制角未填写或不正确，每次扣 0.01 分； （5）在线发电机与离线发电机映射不正确或在线发电机未映射对应存在的离线发电机，每次扣 0.05 分；交流线、变压器零序电阻值和电抗值不正确，每次扣 0.01 分；交流线、变压器零序充电电纳过大或小于 0，每次扣 0.01 分； （6）故障集应涵盖外网严重故障集、本调度范围内单回线三永、单永、单瞬故障、主要双回线 $N-2$ 故障及系统专业指定的本网严重故障集，如有缺少每次扣 0.01 分；安自装置策略应覆盖本调度机构内稳定规定内容，包含切机、切负荷、直流调制、低频减载、低压减载、自动解列等装置，并保证策略内容与现场安自装置策略一致，若不包含此功能或不更新，每次扣 0.05 分； （7）在线数据中设备运行状态与实际运行状态不一致，每次扣 0.1 分

续表

序号	指标项目	指标单位	精确度	指标定义及计算方法	标准分值	备注
4.2	日内计划数据质量	%	小数点后两位	日内计划数据总指标 = 数据有效率 × 30% + 数据合格率 × 35% + 数据准确率 × 35%	15	（1）日内计划数据总指标评价方法详见《在线日内计划数据质量评价说明》； （2）数据有效率 = 100% – 数据重复率。其中：数据重复率 = 检修计划重复报送率 × 30% + 发电计划重复报送率 × 35% + 母线负荷预测重复报送率 × 35%； （3）数据合格率 = 日内计划数据完整率 × 50% + 计划功率平衡率 × 30% + 停复役计划一致率 × 20%； （4）数据准确率 = 系统负荷预测准确率 × 20% + 母线负荷预测准确率 × 30% + 机组计划执行准确率 × 30% + 联络线计划准确率 × 20%； （5）日内计划数据总指标达到阈值时（初定 95%，后续滚动调整），不扣分；未达到阈值，每低 0.1 个百分点扣 0.1 分
5	**加分项（15 分）**					
5.1	管理制度创新			（1）结合本单位情况，制定相应工作标准、考核标准、应用标准，具有推广意义； （2）在线工作体制创新，形成高效、合理的工作制度； （3）人员培训方面创新，形成持续、有效的安全分析工程师培训体系	2	最高加 2 分
5.2	技术创新			结合调度运行情况，拓展在线模块功能并取得良好实用化效果，或发表相关文章、取得相关专利	5	（1）拓宽在线模块功能并取得良好实用化效果，最高加 3 分； （2）在线相关专利获授权每项加 3 分，核心期刊发表相关论文每篇加 1.5 分； （3）两项合计最高加 5 分

续表

序号	指标项目	指标单位	精确度	指标定义及计算方法	标准分值	备注
5.3	数据检查			发现其他调度机构调管范围内数据存在错误	2	发现其他调度机构调管范围内静态数据、动态数据、安控措施等存在错误，经国调或网调认可、并经对方调度机构确认后，每发现一例加 0.5 分，最高加 2 分
5.4	在线分析实用化			在推进在线安全分析实用化方面有重要探索，为电网运行提供实际帮助	6	（1）利用在线分析工具，发现并消除电网运行风险，编制在线实用化案例并获评优秀案例，每次加 1 分； （2）承担国调中心在线实用化试点工作，按时完成任务，工作成果具备较高实用化水平，最高加 5 分； （3）两项合计最高加 6 分

注　所有扣分项扣完为止。

附件 2　调度数据统计规范

1. 统计口径

1.1　调度口径：指统计区域内县级以上调度机构调度管辖范围内电网运行数据的统计口径。

1.2　含分布式口径：指统计区域内调度口径及 10kV 以下分布式光伏数据的统计口径。

1.3　全社会口径：指调度机构所在统计区域内包含所有电网运行数据的统计口径。

2. 数据定义

表 3　　　数　据　定　义

序号	数据名称	量纲	说明
1	**发电**		
	发电量	MWh	统计口径发电机组的机端电量总和（含火电、水电、核电、风电、太阳能、其他，不含抽蓄机组、储能电源电量，下同） 发电量=火电发电量+水电发电量+核电发电量+风电发电量+太阳能发电量+其他发电量 同时，发电量=国调直调发电量+网调直调发电量+省调直调发电量+地县调直调发电量；本级电网的发电量等于全部下级电网发电量之和（以东北为例，东北发电=辽宁发电+吉林发电+黑龙江发电+蒙东发电）
	火电发电量	MWh	统计口径火电机组的机端电量总和（含燃煤、燃气、燃油、生物质能，下同） 火电发电量=火电燃煤发电量+火电燃气发电量+火电燃油发电量+火电生物质能发电量
	火电燃煤/燃气/燃油/生物质能发电量	MWh	统计口径火电燃煤/燃气/燃油/生物质能机组的机端电量总和
	火电供热发电量	MWh	统计口径火电供热机组的机端电量总和
	水电发电量	MWh	统计口径水电机组的机端电量总和（含水电常规、潮汐机组，下同） 水电发电量=水电常规发电量+水电潮汐发电量
	水电常规/潮汐发电量	MWh	统计口径水电常规/潮汐机组的机端发电量总和

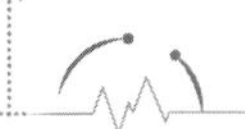

续表

序号	数据名称	量纲	说明
	抽蓄发电量	MWh	统计口径抽水蓄能机组的机端发电量总和（仅统计发出的电量，不含耗用的电量）
	储能发电量	MWh	统计口径储能电源的发电量总和（仅统计发出的电量，不含耗用的电量）
	核电/风电/太阳能/其他发电量	MWh	统计口径核电/风电/太阳能/其他机组的机端电量总和
	国调/网调/省调/地县调直调发电量	MWh	本地区内由国调/网调/省调/地县调直接调管机组（含与本级调度机构签订并网协议的自备电厂）的机端电量总和
	自备电厂发电量	MWh	本地区内自备电厂机组的机端电量总和
	发电电力	MW	统计口径发电机组机端发电电力总和 发电电力＝火电发电电力＋水电发电电力＋抽蓄发电电力＋核电发电电力＋风电发电电力＋太阳能发电电力＋储能电源发电电力＋其他发电电力（针对抽蓄和储能，发电按正向电力统计、用电按负向电力统计） 同时，发电电力＝国调直调发电电力＋网调直调发电电力＋省调直调发电电力＋地县调直调发电电力
	最高/最低/平均发电电力	MW	统计周期内发电电力的最大值/最小值/平均值 其中，平均发电电力＝发电量/统计周期时间
	最高/最低发电电力发生时刻	hh：mm	最高/最低发电电力发生时刻
	火电发电电力	MW	统计口径火电发电机组发电电力总和 火电发电电力＝火电燃煤发电电力＋火电燃气发电电力＋火电燃油发电电力＋火电生物质能发电电力
	火电最高/最低发电电力	MW	统计周期内火电发电电力的最大值/最小值
	火电燃煤/燃气/燃油/生物质能最高发电电力	MW	统计周期内火电燃煤/燃气/燃油/生物质能发电机组发电电力的最大值
	火电燃煤/燃气/燃油/生物质能最低发电电力	MW	统计周期内火电燃煤/燃气/燃油/生物质能发电机组发电电力的最小值
	火电供热最高/最低发电电力	MW	统计周期内火电供热发电机组发电电力的最大值/最小值

续表

序号	数据名称	量纲	说明
	水电发电电力	MW	统计口径水电发电机组发电电力总和 水电发电电力=水电常规发电电力+水电潮汐发电电力
	水电最高/最低发电电力	MW	统计周期内水电机端电力的最大值/最小值
	水电常规/潮汐最高发电电力	MW	统计周期内水电常规/潮汐发电机组发电电力的最大值
	水电常规/潮汐最低发电电力	MW	统计周期内水电常规/潮汐发电机组发电电力的最小值
	抽蓄发电电力	MW	统计口径抽水蓄能机组发电电力总和（发电按正向电力统计、耗电按负向电力统计）
	抽蓄最高/最低发电电力	MW	统计周期内抽水蓄能机组机端电力的最大值/最小值（发电按正向电力统计、耗电按负向电力统计）
	储能发电电力	MW	统计口径储能电源发电电力总和（发电按正向电力统计、耗电按负向电力统计）
	储能最高/最低发电电力	MW	统计周期内储能电源电力的最大值/最小值（发电按正向电力统计、耗电按负向电力统计）
	核电/风电/太阳能/其他最高发电电力	MW	统计周期内核电/风电/太阳能/其他发电机端电力的最大值
	核电/风电/太阳能/其他最低发电电力	MW	统计周期内核电/风电/太阳能/其他发电机端电力的最小值
	国调/网调/省调/地县调直调最高发电电力	MW	本地区内由国调/网调/省调/地县调直接调管机组的机端电力的最大值
	国调/网调/省调/地县调直调最低发电电力	MW	本地区内由国调/网调/省调/地县调直接调管机组的机端电力的最小值
	自备电厂最高/最低发电电力	MW	本地区内自备电厂机组的机端电力的最大值/最小值
2	**直流网损**		
	直流网损电量	MWh	直流整流站换流变交流侧电量与逆变站换流变交流侧电量的差值
	直流网损电力	MW	直流整流站换流变交流侧电力与逆变站换流变交流侧电力的差值
3	**受电**		有规定唯一计量点（计划控制点）的采用该点作为关口；联络线两侧均有计量点的，由上级调度指定一侧作为关口

续表

序号	数据名称	量纲	说明
	受电量	MWh	通过联络线交换的电量（受入为正，送出为负，下同）。 同时，本级电网的受电量等于全部下级电网受电量与本级电网内直流网损电量之和（以东北为例，东北受电量＝辽宁受电量＋吉林受电量＋黑龙江受电量＋蒙东受电量＋伊穆直流网损电量）
	受电电力	MW	通过联络线交换的电力。 同时，本级电网的受电电力等于全部下级电网受电电力与本级电网内直流网损电力之和
	最大/最小/平均受电电力	MW	统计周期内受电电力的最大值/最小值/平均值 其中，最大值、最小值根据绝对值选择，但应补充表达方向的正负号；平均受电电力＝受电量/统计周期时间
	最大/最小受电电力发生时刻	hh:mm	最大/最小受电电力发生时刻
4	**发受电**		
	发受电量	MWh	统计口径发电量与受电量的代数和。 同时，本级电网的发受电量等于全部下级电网发受电量与本级电网内直流网损电量之和（以东北为例，东北发受电量＝辽宁发受电量＋吉林发受电量＋黑龙江发受电量＋蒙东发受电量＋伊穆直流网损电量）
	发受电电力	MW	统计周期内发电电力与受电电力代数和，简称负荷。 同时，本级电网的发受电电力等于全部下级电网发受电电力与本级电网内直流网损电力之和
	最高/最低发/平均受电电力	MW	统计周期内发受电电力的最大值/最小值/平均值，简称最高/最低/平均负荷
	最高/最低发受电电力发生时刻	hh:mm	最高/最低发受电电力发生时刻
5	**主网**		
	上网电量	MWh	统计口径发电机组的发电上网电量（刨除厂用电后向电网输送的电量）总和（含火电、水电、核电、风电、太阳能、其他，不含抽蓄机组、储能电源电量，下同） 上网电量＝火电上网电量＋水电上网电量＋核电上网电量＋风电上网电量＋太阳能上网电量＋其他上网电量 同时，上网电量＝国调直调上网电量＋网调直调上网电量＋省调直调上网电量＋地县调直调上网电量

续表

序号	数据名称	量纲	说明
	火电上网电量	MWh	统计口径火电机组的发电上网电量总和 火电上网电量=火电燃煤上网电量+火电燃气上网电量+火电燃油上网电量+火电生物质能上网电量
	火电燃煤/燃气/燃油/生物质能上网电量	MWh	统计口径火电燃煤/燃气/燃油/生物质能机组的发电上网电量总和
	火电供热上网电量	MWh	统计口径火电供热机组的发电上网电量总和
	水电上网电量	MWh	统计口径水电机组的发电上网电量总和 水电上网电量=水电常规上网电量+水电潮汐上网电量
	水电常规/潮汐上网电量	MWh	统计口径水电常规/潮汐机组的发电上网电量总和
	抽蓄上网电量	MWh	统计口径抽水蓄能机组的发电上网电量总和（仅统计发出的电量，不含耗用电量）
	抽蓄抽水电量	MWh	统计口径水电抽水蓄能机组的抽水消耗电量总和，按电网侧计量点统计
	储能上网电量	MWh	统计口径储能电源的发电上网电量总和（仅统计发出的电量，不含储能耗用电量）
	储能充电电量	MWh	统计口径储能电源的充电消耗电量总和，按电网侧计量点统计
	核电/风电/太阳能/其他上网电量	MWh	统计口径核电/风电/太阳能/其他机组的发电上网电量总和
	自备电厂上网电量	MWh	本地区内自备电厂机组的发电上网电量总和（刨除自备电厂厂用电及企业用电后的与主网交换的电量，自备电厂送出为正，下同）
	上网电力	MW	统计口径发电机组发电上网电力（刨除厂用电后的向电网输送到电力）总和 上网电力=火电上网电力+水电上网电力+核电上网电力+风电上网电力+太阳能上网电力+抽蓄上网电力+储能上网电力+其他上网电力（针对抽蓄和储能，发电按正向电力统计、用电按负向电力统计） 同时，上网电力=国调直调上网电力+网调直调上网电力+地县调调度上网电力
	最高/最低/平均上网电力	MW	统计周期内上网电力的最大值/最小值/平均值

续表

序号	数据名称	量纲	说明
	自备电厂最高/最低/平均上网电力	MW	本地区内自备电厂机组的上网电力（刨除自备电厂厂用电及企业用电后的与主网交换的电力，自备电厂送出为正，下同）的最大值/最小值/平均值
	主网电量	MWh	统计口径上网电量与受电量代数和
	主网电力	MW	统计周期内上网电力与受电电力代数和
	最高/最低/平均主网电力	MW	统计周期内主网电力的最大值/最小值/平均值 其中，平均主网电力＝主网电量/统计周期时间
	最高/最低主网电力发生时刻	hh:mm	最高/最低主网电力发生时刻
6	**可调**		
	可调容量	MW	考虑安全约束和发电机组受阻等情况后的全部发电设备实际可调出的容量 可调容量＝装机容量－停备容量－检修容量－受阻容量－机组非计停容量 停备容量不包含停备状态下可随时调用的水电及抽蓄
	综合可调容量	MW	综合考虑旋转备用、联络线受电计划后的可调用容量 综合可调容量＝可调容量＋联络线计划受电电力－按规定预留旋转备用容量
	最大/最小/平均可调容量	MW	统计周期内可调容量的最大值/最小值/平均值
	最大/最小/平均综合可调容量	MW	统计周期内综合可调容量的最大值/最小值/平均值
7	**备用**		
	旋转备用容量	MW	旋转备用指运行正常的发电机维持额定转速，随时可以并网，或已并网但仅带一部分负荷，随时可以利用且不受网络限制的剩余发电有功出力，是用以满足随时变化的负荷波动，以及负荷预计的误差、设备的意外停运等所需的额外有功出力。 旋转备用容量＝并网运行机组考虑安全约束后的一段时间内最大可发机端出力－机端实际电力；可分为5min、10min、15min、30min等不同时间的备用容量
	计划旋转备用容量	MW	考虑安全约束后计划发电机端电力15min内最大可用值与计划机端电力之差

续表

序号	数据名称	量纲	说明
	最大/最小/平均旋转备用	MW	统计周期内旋转备用容量的最大值/最小值/平均值
	旋转备用率	%	旋转备用率＝100%×旋转备用/发受电电力
	最大/最小/平均旋转备用率	%	统计周期内旋转备用率的最大值/最小值/平均值
	停备容量	MW	停运备用的发电机组容量总和
	最大/最小/平均停备容量	MW	统计周期内停备容量的最大值/最小值/平均值
	负备用容量	MW	为应对负荷向下偏差、清洁能源超预期发电、外送通道突然失去等突发情况，由调度安排的预留机组下调容量。其一般由运行机组出力与最低可调出力间可下调的发电容量组成，特殊情况下可纳入有抽水空间抽蓄机组、可应急调停机组等。 负备用容量＝机端实际电力－最低可调出力
	最大/最小/平均负备用	MW	统计周期内负备用容量的最大值/最小值/平均值
8	**受阻**		
	受阻容量	MW	因辅机故障、缺煤、水情、安全约束等原因造成的机组无法调出的容量总和
	最大/最小/平均受阻容量	MW	统计周期内受阻容量的最大值/最小值/平均值
9	**检修**		
	检修容量	MW	检修机组的容量总和
	最大/最小检修容量	MW	统计周期内检修机组容量的最大值/最小值
	计划检修容量	MW	列入年度、月度计划的检修机组的容量总和
	最大/最小计划检修容量	MW	统计周期内计划检修机组容量的最大值/最小值
	临时检修容量	MW	未列入年度、月度计划的检修机组的容量总和
	最大/最小临时检修容量	MW	统计周期内临时检修机组容量的最大值/最小值
	机组检修台次	台次	统计周期内机组停运检修的台次之和
	变压器检修台次	台次	统计周期内检修变压器台次之和，分电压等级统计（变压器按最高电压侧等级统计）

续表

序号	数据名称	量纲	说明
	交流线路检修条次	条次	统计周期内检修交流线路条次之和，分电压等级统计
	母线检修条次	条次	统计周期内检修母线条次之和，分电压等级统计
	直流系统单极检修次数	次	统计周期内直流系统单极（单单元）检修次数之和，分电压等级统计
	直流系统双极检修次数	次	统计周期内直流系统双极（双单元）检修次数之和，分电压等级统计
10	**非计停**		
	机组非计停容量	MW	统计口径机组非计划停运的容量之和
	机组最大/最小非计停容量	MW	统计周期内机组非计停容量的最大值/最小值
	机组非计停台次	台次	统计周期内统计口径机组非计划停运的台次之和
	变压器非计停容量	台次	统计口径变压器非计划停运台次之和，分电压等级统计
	变压器最大/最小非计停容量	MW	统计周期内变压器非计停容量的最大值
	变压器非计停台次	台次	统计周期内变压器非计划停运台次之和，分电压等级统计
	交流线路非计停条次	条次	统计周期内交流线路非计划停运条次之和（不计重合闸成功线路），分电压等级统计
	母线非计停条次	条次	统计周期内母线非计划停运条次之和，分电压等级统计
	直流系统单极非计停次数	次	统计周期内直流系统单极（单单元）非计划停运次数之和（不计再启动成功的情况），分电压等级统计
	直流系统双极非计停次数	次	统计周期内直流系统双极（双单元）非计划停运次数之和（不计再启动成功的情况），分电压等级统计
11	**设备故障**		
	机组故障跳闸台次	台次	统计周期内统计口径机组故障跳闸台次之和
	变压器故障跳闸台次	台次	统计周期内统计口径变压器故障跳闸台次之和
	母线故障跳闸条次	条次	统计周期内统计口径母线故障跳闸条次之和

续表

序号	数据名称	量纲	说明
	串补故障跳闸台次	台次	统计周期内统计口径串补故障跳闸台次之和
	交流线路故障跳闸条次	条次	统计周期内交流线路故障跳闸条次之和（含重合闸成功线路），分电压等级统计
	交流线路故障停运条次	条次	统计周期内交流线路因故障导致停运的条次之和（不计重合闸成功线路），分电压等级统计
	交流线路单相故障跳闸条次	条次	统计周期内交流线路单相故障跳闸条次之和（含重合闸成功线路），分电压等级统计
	交流线路相间故障跳闸条次	条次	统计周期内交流线路相间故障跳闸条次之和，分电压等级统计
	交流线路三相故障跳闸条次	条次	统计周期内交流线路三相故障跳闸条次之和，分电压等级统计
	直流线路再启动成功次数	次	统计周期内直流线路故障再启动成功次数之和，分直流电压等级统计
	直流系统单极闭锁次数	次	统计周期内直流系统单极（单单元）闭锁次数之和（不计再启动成功次数），分直流电压等级统计
	直流系统双极闭锁次数	次	统计周期内直流系统单极（全部单元）闭锁次数之和（不计再启动成功次数），分直流电压等级统计
	直流系统换相失败次数	次	统计周期内直流系统换相失败次数之和，分直流电压等级统计
	每百条交流线路故障跳闸率	%	（统计周期内内交流线路故障跳闸次数/线路总条数）×100，分电压等级统计
	每百条交流线路故障停运率	%	（统计周期内内交流线路故障停运次数/线路总条数）×100，分电压等级统计
12	**装机**		
	装机容量	MW	统计口径发电机组核准额定出力总和，分接入电网电压等级、机组容量统计 装机容量＝火电装机容量＋水电装机容量＋核电装机容量＋风电装机容量＋太阳能装机容量＋其他装机容量＋抽蓄装机容量＋储能装机容量 同时，装机容量＝国调直调装机容量＋网调直调装机容量＋省调直调装机容量＋地县调直调装机容量
	火电装机容量	MW	统计口径火电机组核准额定出力总和，分接入电网电压等级、机组容量统计 火电装机容量＝火电燃煤装机容量＋火电燃气装机容量＋火电燃油装机容量＋火电生物质能装机容量

续表

序号	数据名称	量纲	说明
	火电燃煤/燃气/燃油/生物质能装机容量	MW	统计口径火电燃煤/燃气/燃油/生物质能机组核准额定出力总和
	火电供热装机容量	MW	统计口径火电供热机组核准额定出力总和
	水电装机容量	MW	统计口径水电机组核准额定出力总和 水电装机容量＝水电常规装机容量＋水电潮汐装机容量
	水电常规/潮汐装机容量	MW	统计口径水电常规/潮汐机组核准额定出力总和
	抽蓄/储能/核电/风电/太阳能/其他装机容量	MW	统计口径抽蓄/储能/核电/风电/太阳能/其他机组核准额定出力总和
	国调/网调/省调/地县调直调装机容量	MW	本地区内由国调/网调/省调/地县调直接调管机组（含与本级调度机构签订并网协议的自备电厂）的装机容量总和
	自备电厂装机容量	MW	统计口径自备电厂机组的装机容量总和
	装机台数	台	统计口径发电机组总台数（不含风电机组、不含太阳能电站），分接入电网电压等级统计 装机台数＝火电装机总台数＋水电装机台数＋核电装机台数＋风电场座数＋太阳能电站座数＋其他装机台数＋抽蓄装机台数＋储能电站座数 同时，装机台数＝国调直调装机台数＋网调直调装机台数＋省调直调装机台数＋地县调直调装机台数
	火电/水电/抽蓄/储能/核电/其他装机台数	台	统计口径火电/水电/抽蓄/储能/核电/其他机组总台数
	风电场/太阳能/储能电站座数	座	统计口径风电场/太阳能/储能电站总座数
	风电机组台数	台	统计口径风电机组总台数
	国调/网调/省调/地县调直调装机台数	台	本地区内由国调/网调/省调/地县调直接调管机组（含与本级调度机构签订并网协议的自备电厂）的装机台数总和
	自备电厂装机台数	台	统计口径自备电厂机组总台数
	新增装机容量	MW	统计周期内新增的完成调试的发电机组核准额定出力总和（在统计新增设备数据时，投产发电机组从火电机组通过168小时试运行、水电机组通过72小时试运行，其他类型机组从通过试运行后开始统计，输、变电设备从通过24小时试运行后开始统计；在统计扩容设备数据时，扩容机组按收到发改委批复扩容文件开始统计。下同）

续表

序号	数据名称	量纲	说明
	火电/水电/抽蓄/储能/核电/风电/太阳能/其他新增装机容量	MW	统计周期内新增的完成调试的火电/水电/抽蓄/储能/核电/风电/太阳能/其他机组核准额定出力总和
	退役装机容量	MW	统计周期内关停退役的发电机组核准额定出力总和
	火电/水电/抽蓄/储能/核电/风电/太阳能/其他退役装机容量	MW	统计周期内关停退役的火电/水电/抽蓄/储能/核电/风电/太阳能/其他机组核准额定出力总和
	扩容装机容量	MW	统计周期内扩容的发电机组核准额定出力增加值总和
	火电/水电/抽蓄/储能/核电/风电/太阳能/其他扩容装机容量	MW	统计周期内扩容的火电/水电/抽蓄/储能/核电/风电/太阳能/其他发电机组核准额定出力增加值总和
13	**电网规模**		
	厂站数量	座	调度管辖的发电厂升压站及变电站、开关站、串补站、换流站数量，分电压等级统计，厂站仅按照交流侧最高电压统计。同时，厂站数量等于变电站数量与电厂数量之和
	电厂数量	座	调度管辖发电厂的数量，分接入电网的电压等级统计
	火电厂数量	座	调度管辖火电厂的数量，分接入电网的电压等级统计
	火电燃煤/燃气/燃油/生物质能电厂数量	座	调度管辖火电燃煤/燃气/燃油/生物质能电厂的数量，分接入电网电压等级统计
	火电供热电厂数量	座	调度管辖火电燃煤电厂的数量，分接入电网的电压等级统计
	水电厂数量	座	调度管辖水电厂的数量，分接入电网的电压等级统计
	水电潮汐电厂数量	座	调度管辖水电潮汐电厂的数量，分接入电网的电压等级统计
	抽蓄/储能/核电/其他电厂数量	座	调度管辖抽蓄/储能/核电/其他电厂的数量，分接入电网的电压等级统计
	风电场/太阳能电站数量	座	调度管辖风电场/太阳能电站的数量，分接入电网的电压等级统计
	变电站数量	座	调度管辖变电站的数量，分电压等级统计

续表

序号	数据名称	量纲	说明
	换流站数量	座	调度管辖变电站的数量，分电压等级统计
	变压器容量	MVA	调度管辖的联络变压器容量（不含机组升压变、换流变）之和，按高压侧电压分电压等级、分容量统计
	变压器台数	台	调度管辖的联络变压器容量（不含机组升压变、换流变）台数之和，按高压侧电压分电压等级、分容量统计
	换流变容量	MVA	调度管辖的换流变容量之和，按交流网侧电压分电压等级统计
	换流变台数	台	调度管辖的换流变台数之和，按高压侧电压分电压等级、分容量统计
	调相机容量	Mvar	调度管辖的调相机容量之和
	调相机台数	台	调度管辖的调相机容量台数之和
	直流系统容量	MW	调度管辖的直流系统容量，分电压等级统计
	交流线路条数	条	调度管辖的交流线路条数，分电压等级统计
	直流线路条数	条	调度管辖的直流线路条数（双极算一条线路），分电压等级统计
	交流线路长度	km	调度管辖的交流线路长度之和，分电压等级统计
	直流线路长度	km	调度管辖的直流线路长度之和（双极算一条线路），分电压等级统计
	串补台数	台	调度管辖的串联补偿设备台数，分电压等级统计
14	**负荷管理措施**		
	负荷管理措施电力	MW	同一时刻需求响应、有序用电、节约用电及两高轮休等电力总和
	负荷管理措施电量	MWh	需求响应、有序用电、节约用电及两高轮休电量之和 负荷管理措施电量=需求响应电量+有序用电电量+节约用电及两高轮休电量
	最大负荷管理措施电力	MW	统计周期内负荷管理措施电力的最大值
	负荷管理措施单日最大累计电力	MW	统计周期内单日最大需求响应、最大有序用电、最大节约用电及两高轮休电力之和 负荷管理措施单日最大累计电力=最大需求响应电力+最大有序用电电力+最大节约用电及两高轮休电力

续表

序号	数据名称	量纲	说明
	负荷管理措施天数	天	统计周期内出现负荷管理措施的天数
	有序用电电力	MW	同一时刻错峰、避峰、限电等有序用电电力总和
	最大有序用电电力	MW	统计周期内有序用电电力的最大值
	有序用电天数	天	统计周期内出现有序用电现象的天数
	错峰电力	MW	同一时刻错峰电力的总和，按正常情况下预测电力与控制指标的差值统计
	最大错峰电力	MW	统计周期内错峰电力的最大值
	避峰电力	MW	同一时刻避峰电力的总和，按正常情况下预测电力与控制指标的差值统计
	最大避峰电力	MW	统计周期内避峰电力的最大值
	限电电力	MW	同一时刻限电电力的总和，按正常情况下预测电力与控制指标的差值统计
	最大限电电力	MW	统计周期内限电电力的最大值
	错峰电量	MWh	统计周期内错峰电量之和 错峰电量=错峰电力×错峰时间
	避峰电量	MWh	统计周期内避峰损失电量之和 避峰电量=避峰电力×避峰时间
	限电电量	MWh	统计周期内限电损失电量之和 限电电量=限电电力×限电时间
	有序用电电量	MWh	错峰、避峰、限电电量之和 有序用电电量=错峰电量+避峰电量+限电电量
	需求响应电力	MW	同一时刻用户根据价格改变用电习惯，减少或推移使用的电力总和
	最大需求响应电力	MW	统计周期内需求响应电力的最大值
	需求响应电量	MWh	统计周期内需求响应电量之和 需求响应电量=需求响应电力×需求响应时间
	需求响应天数	天	统计周期内出现需求响应现象的天数
	节约用电及两高轮休电力	MW	同一时刻用户节约用电及两高轮休的电力总和
	节约用电及两高轮休电量	MWh	统计周期内节约用电及两高轮休电量之和 节约用电及两高轮休电量=节约用电及两高轮休电力×节约用电及两高轮休时间

续表

序号	数据名称	量纲	说明
	最大节约用电及两高轮休电力	MW	统计周期内节约用电及两高轮休电力的最大值
	节约用电及两高轮休天数	天	统计周期内出现节约用电及两高轮休现象的天数
	拉路电力（紧急负荷控制电力）	MW	各级调度下令采取的拉开线路或变压器开关、停止输送电力同一时刻的总和，按拉开开关前输送电力统计
	最大拉路电力（最大紧急负荷控制电力）	MW	统计周期内拉路电力的最大值
	拉路电量（紧急负荷控制电量）	MWh	统计周期内拉路停运线路与变压器损失电量之和。 拉路电量＝拉路电力×设备停止供电时间
	拉路条次	条次	统计周期内因拉路停止送电的线路条次数总和，同一周期内同一线路拉路停运按一次统计，分电压等级统计
	拉路台次	台次	统计周期内因拉路停止送电的变压器台数总和，同一周期内同一变压器拉路停运按一次统计，按变压器最高电压等级分电压等级统计
15	**频率**		
	最高/最低/平均频率	Hz	统计周期内电网频率的最大值/最小值/平均值
	频率越限时间	s	统计周期内电网频率超过合格范围的时间之和
	0.1/0.2/0.5Hz 频率越限时间	s	频率超过 50±0.1/50±0.2/50±0.5Hz 时间之和
	0.1/0.2/0.5Hz 责任频率越限时间	s	因本级调度直调系统设备故障或调整不当等不免于考核的原因造成电网频率超过 50±0.1/50±0.2/50±0.5Hz 时间之和
16	**功率越限**		
	断面越限数量	个	统计周期内发生超过稳定限额运行工况的断面数量，不重复统计
	断面越限时间	min	统计周期内断面超过稳定限额运行的时间之和
	变压器越限台数	台	统计周期内发生超过限额运行工况的变压器台数，不重复统计
	变压器越限时间	min	统计周期变压器超过限额运行的时间之和
	日重载断面比例	%	断面每日出现的最大功率与稳定限额之比超过70%的数量占总数量的比例，分电压等级统计

续表

序号	数据名称	量纲	说明
	日重载变压器比例	%	变压器每日出现的最大负荷与稳定限额之比超过70%的台数占总台数的比例，分电压等级统计
17	**温度及湿度**		
	平均温度	℃	本地区的平均温度
	平均湿度	%	本地区的平均湿度
18	**AGC**		
	AGC 系统功能投运率	%	（统计周期内ΣAGC 功能投运时间/统计总时间）×100%。 ΣAGC 功能投运时间：是指调度端 AGC 功能投入，同时厂站 AGC 机组有足够可调容量投入运行的时间
	机组 AGC 最大投运率	%	统计周期内投入 AGC 控制机组容量的最大值/具备 AGC 功能的机组容量×100%，机组容量按网省调 AGC 主站的控制范围统计
	AGC 调节备用系数	%	AGC 调节备用除以发受电电力
19	**网损**		
	输电网综合网损率	%	输电网综合网损率＝输电设备损耗（包括线路损耗、主变损耗）/统计周期内主网电量
20	**电煤**		
	最大日耗煤量	万 t	统计区域内燃煤电厂燃煤装机容量以 100%负荷率对应日电量的耗煤量
	日供煤量	万 t	统计区域内燃煤电厂当日的进煤量
	日耗煤量	万 t	统计区域内燃煤电厂当日的耗煤量
	电煤库存量	万 t	统计区域内燃煤电厂当日的库存量
	库存可用天数	天	可用天数＝当日库存煤量/85%最大日耗煤量
	缺煤停机台数	台	统计区域内由于缺煤安排停机的台数
	缺煤停机容量	MW	统计区域内由于缺煤安排停机的总容量

3. 说明

3.1 对外报送

3.1.1 电网负荷数据（包括负荷创新高值）统一使用含分布式口径最高发受电电力值作为统计及对外报送数据。发电电力数据统一使用含分布式口径发电电力作为对外报送数据。

3.1.2 各省级电网负荷、发电电力等对外报送数据以省调统计数据为准；各区域电网负荷、发电电力等对外报送数据以网调统计数据为准；国家电网负荷、发电电力等对外报送数据以国调统计数据为准。

3.1.3 全口径发电量、全口径发受电量数据仅用于汇总全国日电量使用，不作为对外报送数据。

3.2 数据精度

3.2.1 以 MW、MWh 为单位的数据，报送精度要求保留至整数位；以 Hz 为单位的数据，报送精度要求保留至小数点后四位；百分数类数据报送精度要求保留至小数点后两位。

3.2.2 除特殊说明的数据以外，以 MW 为单位的数据采样周期不大于 1 分钟，以 Hz 为单位的数据采样周期不大于 1 秒钟。

3.3 电压等级

3.3.1 对于交流系统，电压等级分为 1000kV、750kV、500kV、330kV、220kV、110kV、66kV、35kV、10kV 等，变压器按最高压侧电压分类。

3.3.2 对于直流系统，电压等级分为±1100kV、±800kV、±660kV、±500kV、±420kV、±400kV、±167kV、±125kV、±120kV、±100kV 等。

3.4 容量等级

3.4.1 对于火电发电机组，容量等级分为 1000MW 以上、600MW 等级（600MW 以上、1000MW 以下）、300MW 等级（300MW 以上、600MW 以下）、300MW 以下等序列。

3.4.2 对于水电发电机组，容量等级分为 600MW 以上、300MW 等级（300MW 以上、600MW 以下）、300MW 以下等序列。

3.4.3 对于变压器，容量等级分为 3000MVA 以上、1500MVA 等级（1500MVA 以上、3000MVA 以下）、1000MVA 等级（1000MVA 以上、1500MVA 以下）、750MVA 等级（750MVA 以上、1000MVA 以下）、500MVA 等级（500MVA 以上、750MVA 以下）、500MVA

以下等序列。

3.5 统计范围

3.5.1 在统计发电相关数据时，国调、网调统计直接调度管辖机组数据；省（自治区、直辖市）调统计所辖地区县调以上调度机构所有调管机组数据的合计值（以湖北省为例，湖北调度发电量=湖北境内国调直调发电量+湖北境内华中网调直调发电量+湖北境内湖北省调直调发电量+湖北境内地县调直调发电量）。

3.5.2 在统计调度设备时，国调、网调统计直接调度管辖设备；省（自治区、直辖市）调统计直接调度管辖设备及地县调直接调度设备的合计值。

3.6 数据采集

3.6.1 电力类数据均应通过 EMS 系统采集得到，向上级调度机构提供电力类数据，应同时具备实时传输和报表报送两种形式并保持其一致性。

3.6.2 电量类统计数据均应由 TMR 电量计量表统计（可用 EMS 电力积分数据校核），并通过系统报送上级调度机构。

3.7 数据校核

3.7.1 本级电网的发电数据应等于全部下级电网发电数据之和（以东北为例，东北发电=辽宁发电+吉林发电+黑龙江发电+蒙东发电）。

3.7.2 本级电网的受电数据应等于全部下级电网受电数据与本级电网内直流网损数据之和（以东北为例，东北受电=辽宁受电+吉林受电+黑龙江受电+蒙东受电+伊穆直流网损；再如，国网受电=华北受电+华东受电+华中受电+东北受电+西北受电+西南受电+国网跨区直流网损）。

3.7.3 本级电网的发受电数据应等于全部下级电网发受电数据与本级电网内直流网损数据之和（以东北为例，东北发受电=辽宁发受电+吉林发受电+黑龙江发受电+蒙东发受电+伊穆直流网损；再如，国网发受电=华北发受电+华东发受电+华中发受电+东北发受电+西北发受电+西南发受电+国网跨区直流网损）。

附件 3　倒闸操作模式补充说明

1. 设备状态令操作

调度机构只明确设备操作初态和终态的一种操作指令。其具体操作步骤和内容，由厂站运行人员、监控员、输变电设备运维人员依据调度机构发布的设备状态令定义和相关运行规程拟订。

2. 设备冷备用操作

设备状态在冷备用与检修之间转换操作（包括冷备用或检修状态下相应保护装置投退操作）的特殊规定。适用于设备冷备用操作规定的设备在停送电时，其对应的接地刀闸分合、相应保护装置投退，由厂站运行人员、监控员、输变电设备运维人员按照调度机构计划检修申请单或紧急抢修申请单的批复内容自行操作，值班调度员不下达调度指令。

附录　公司其他相关规程规定和通用制度

附录 1 《国家电网有限公司调控机构调度运行交接班管理规定》

规章制度编号：国网（调/4）327—2022

国家电网有限公司调控机构调度运行交接班管理规定

第一章　总　　则

第一条　为进一步加强调度运行专业规范化管理，确保调度运行交接班（以下简称“交接班”）工作有序、顺利开展，依据《国家电网调度控制管理规程》等制定本管理规定。

第二条　本规定适用于公司总（分部）及所属各级单位调控机构调度运行值班人员（以下简称“调度员”）的交接班工作。

第二章　职　责　分　工

第三条　调度员负责按规定完成交接班工作，准确无误地传递电网运行信息。

第四条　各级调控机构负责监督检查本单位调度员交接班业务开展情况。

第三章　交 接 班 管 理

第五条　调度员应按所属调控机构制定的计划值班表值班，如遇特殊情况无法按计划值班需经调度运行专业负责人同意后方可换班，不得连续当值两班。若接班值调度员无法按时到岗，应提前

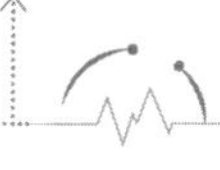

告知调度运行专业负责人，并由交班值调度员继续值班或安排其他调度员代为值班。

第六条　原则上，交班、接班值调度员应按照所属调控机构规定的时间在值班场所内进行“面对面”交接班。特殊情况下，经调度运行专业负责人同意，可以通过调度电话进行“不见面”交接班，并做好相关音视频的录制留档。

第七条　接班调度员应保证良好的精神状态，接班前 12 小时内不准饮酒，同时避免进行高强度运动、长时间驾驶或娱乐等可能影响值班状态的活动。

第八条　交班调度员应提前 30 分钟审核当班运行记录，检查本值工作完成情况，准备交接班日志，整理交接班材料，做好清洁卫生和台面清理工作。

第九条　接班调度员应提前 15 分钟就位，认真阅读调度运行日志，停电工作票、操作票等各种记录，全面了解电网运行情况。在极端天气、电网故障、重大操作、重要保电等特殊情况下，原则上接班调度员应提前 30 分钟到岗熟悉电网运行情况。

第十条　交接班前 15 分钟内，一般不进行重大操作。若交接班前正在进行操作或故障异常处理，应在操作、故障异常处理完毕或告一段落后，再进行交接班。

第十一条　交接班工作由交班值调度值长统一组织开展，全体参与人员应严肃认真，保持良好秩序。

第十二条　交班值调度值长负责调度运行业务总体交接，交接内容包括且不限于：

（一）调管范围内发用电平衡和发输电计划执行情况；

（二）一、二次设备运行方式及变化情况；

（三）电网、设备故障异常处理情况；

（四）计划检修、紧急抢修、倒闸操作及调试业务开展情况；

（五）电网风险预警和预控措施、专项预案的发布执行情况；

（六）运行控制规定、继电保护和安全自动装置定值单、设备台账等运行相关资料的收存保管情况；

（七）重要保电任务的执行开展情况；

（八）值班场所通信、自动化设备及办公设备异常和缺陷情况；

（九）上级指示和要求，相关专业和调控机构的协同工作要求；

（十）省级以上调控机构还应包括日内电力现货市场及辅助服务市场的开展情况；

（十一）其他重要事项。

第十三条 交班值调度值长完成调度运行业务总体交接后交班值安全分析工程师、主值、副值、日内现货交易员等视情况对所负责工作内容进行补充说明。对接班值提出的合理问题和存疑事项，交班值需给出明确解答。

第十四条 交接班时交班值应至少保留 1 名调度员继续履行电网实时调度运行职责。若交接班过程中电网出现故障异常，应立即停止交接班，由交班值负责故障异常处理，接班值调度员协助，处置告一段落后再继续进行交接班。

第十五条 交接班完毕后，交班、接班值双方调度员应对交接班日志进行核对，核对无误后分别在交接班日志上签字（含电子化签名），以接班值调度值长签名时间为完成交接班时间。

第四章 检查与考核

第十六条 各级调控机构对交接班工作的规范性和正确性进行检查，并对工作质量进行评价，对未按规定进行交接班导致工作失误、材料丢失等情况进行考核，并追究相关人员责任。

第五章 附　　则

第十七条 本规定由国调中心负责解释并监督执行。

第十八条 本规定自 2023 年 01 月 17 日施行。原《国家电网公司调控机构调控运行交接班管理规定》［国家电网企管〔2014〕747 号之国网（调/4）327—2014］同时废止。

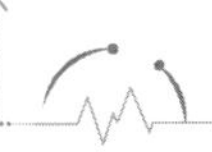

附录 2 《国家电网有限公司调度机构安全工作规定》

规章制度编号：国网（调/4）338—2022

国家电网有限公司调度机构安全工作规定

第一章　总　　则

第一条　为规范国家电网有限公司各级调度机构安全管理工作，提升电网安全运行水平，根据国家有关法律法规及公司相关规章制度制定本规定。

第二条　调度机构安全工作坚持“安全第一、预防为主、综合治理”的方针，以防止发生电网稳定破坏、大面积停电事故和调度责任事故为重点，提升调度机构安全生产保障能力，确保电网安全稳定运行。

第三条　调度机构实行以行政正职为安全第一责任人的安全生产责任制，建立健全安全生产责任体系、保证体系和监督体系。党政主要负责人分设的调度机构，安全生产工作必须坚持“党政同责、一岗双责、齐抓共管、失职追责”，分管副职协助安全生产第一责任人负责分管工作范围内的安全工作。

第四条　调度机构安全保证体系和安全监督体系应相互协同、各司其职、各负其责。坚持“谁主管谁负责、管业务必须管安全”的原则，加大监督检查力度，加强安全管理的闭环全过程管控。

第五条　调度机构应严格执行国家、行业及公司有关法律法规、技术标准、规程规定，不断完善安全管理机制，使安全生产工作实现制度化、规范化、标准化。

第六条　本规定适用于国家电网有限公司各级调度机构。

第二章　安　全　目　标

第七条　各级调度机构应逐年制定安全生产目标，省级及以上调度机构安全生产目标至少应包含以下内容：

（一）不发生有人员责任的一般及以上电网事故；

（二）不发生有人员责任的一般及以上设备事故；

（三）不发生重伤及以上人身事故；

（四）不发生调度自动化系统核心功能失效引起的五级及以上事件；

（五）不发生危害电网安全的电力监控系统网络安全事件；

（六）不发生有人员责任的五级以上通信设备及信息系统事件；

（七）不发生调度生产场所火灾事故；

（八）不发生影响公司安全生产记录的其他事故。

第八条　省级及以上调度机构内设专业处室（科室）应逐年制定专业安全生产目标，专业安全生产目标至少应包含以下内容：

（一）不发生调度员误调度、误操作等事件；

（二）不发生发电计划、停电检修计划安排不当等事件；

（三）不发生系统运行方式安排不合理、无功电压控制策略安排不当等事件；

（四）不发生继电保护和安全自动装置配置不当、误整定等事件；

（五）不发生调度自动化系统 SCADA 功能全部丧失等事件；

（六）不发生通信设备或通信网安全事件；

（七）不发生危害电网安全的电力监控系统网络安全事件；

（八）不发生因调度运行安排不当导致的水库水位运行异常事件。

第九条　地县级调度机构根据自身实际情况，制定本级机构和内设专业科室（班组）安全生产控制目标。

第三章　责　任　落　实

第十条　建立健全各级、各类人员安全生产责任制，调度机构行政正职作为安全第一责任人，对本级机构安全工作和安全目标负全面责任。

第十一条　调度机构党建工作负责人对分管工作范围内的安全工作负责，应将安全工作列入党委（党支部）工作的重要内容，做好安全生产文化和思想政治建设。

第十二条　调度机构行政副职对分管工作范围内的安全工作负领导责任，向行政正职负责。内设专业处室（科室、班组）专业负责人对本专业安全生产工作负责，接受本调度机构安全第一责任人和分管副职的领导。调度机构员工对本岗位安全生产工作负责。

第十三条　调度机构应定期根据岗位变动情况修订（制订）岗位安全责任清单，并依据安全责任清单编制安全责任书。安全责任书应逐级签订，将安全责任分解落实到各层级、各专业、各岗位，确保安全责任落实到岗到人。

第十四条　安全责任书应按照两级安全生产控制目标要求，根据本岗位的安全职责制定，应具有针对性、层次性。

第十五条　安全责任书期限为一年，原则上应在每年一季度完成。新入职员工上岗前应签订安全责任书，人员岗位变动后，应重新签订安全责任书。

第四章　安　全　监　督

第十六条　各级调度机构应建立安全监督网络建立中心、专业处室（科室、班组）两级安全监督体系。调度机构应设置专职安全员，各内设专业应设兼职安全员。

第十七条　调度机构安全员任职条件如下：

（一）坚持原则，具有中级及以上职称；

（二）熟悉与电网安全生产有关的法律、法规、技术标准、规章制度；

（三）专职安全员应具备 5 年以上电网运行、管理工作经验；兼职安全员应具备 3 年以上专业工作经验；

（四）专职安全员应经过安全生产管理专项培训，具备岗位工作能力。

第十八条 调度机构安全员的主要职责如下：

（一）监督调度机构安全责任制的落实情况；监督各项安全规章制度、反事故措施和上级有关安全工作指示的贯彻执行情况，及时反馈存在的问题并提出工作建议；

（二）开展日常调度业务、电网风险防控、应急处置等工作的监督，组织开展安全检查、隐患排查治理等工作，及时向主管领导报告发现的问题和隐患；

（三）建立健全调度机构安全管理工作机制；

（四）监督安全培训计划的落实情况，组织或配合电力安全工作规程等安全规定的修订、培训和考试；

（五）协助组织事故（事件）调查，按照“四不放过”（事故原因未查清不放过、责任人员未处理不放过、整改措施未落实不放过、有关人员未受到教育不放过）原则完成事故（事件）的统计、分析、报送工作；

（六）对调度机构安全生产工作成效显著、有突出贡献的人员，提出表扬和奖励的建议或意见；对事故（事件）负有责任的人员，提出批评和处罚的建议或意见。

第十九条 加强调度机构日常安全监督工作管理，各专业安全员负责对涉及本专业的业务进行日常检查，提出安全风险控制措施和建议；中心安全员负责对核心业务进行抽查，汇总、编制、发布月度安全监督查评报告，提出评价意见和整改建议，对整改措施落实情况进行跟踪检查。

第二十条 调度机构内部日常安全监督的主要内容如下：

（一）调度操作票、电话录音、值班日志、应急处置方案、在线安全风险分析开展情况；

（二）电网运行风险预警通知书的评估、发布、延期、取消及

解除情况；

（三）电网停电检修票、电网日前计划执行情况；

（四）继电保护定值整定及审批执行情况；

（五）电力监控系统检修及工作票执行情况、自动化值班日志及自动化运行消缺值班记录执行情况、外来人员进入机房环境登记记录情况、备调运转和场所管理情况；

（六）电力通信检修票、通信方式安排、通信系统风险预警发布、故障和缺陷处置情况等；

（七）电力监控系统安全防护措施落实情况；

（八）隐患排查及治理情况。

第二十一条　调度机构安全员应定期组织分析安全监督工作中存在的问题，提出改进意见及建议，并对整改落实情况进行监督检查。

第二十二条　各级调度机构应加强安全监督技术支撑手段建设，深化国（分）、省（自治区、直辖市）、地（县）安全监督一体化管控平台应用，加强调度机构纵向安全监督管理，不断提升安全监督管理水平。

第五章　安　全　制　度

第二十三条　调度机构应严格执行国家、行业和上级主管部门颁发的安全生产法律、法规、技术标准、规章制度和反事故措施，及时组织宣贯学习并根据自身实际制定相应的实施细则，确保安全要求可靠落地。

第二十四条　调度机构应配备必要的法律、法规、技术标准、规章制度等文件。加强文件分级分类和目录管理，动态修编目录，及时更新文件，每年至少开展一次安全法律法规、技术标准、规章制度有效性检查活动，定期公布现行有效安全制度清单。

第二十五条　调度机构应在公司通用制度统一框架下，及时制定、动态修订电网运行及专业安全管理工作规定或细则，确保实效性和可操作性。

第二十六条 调度机构应每年对所辖电网调度控制规程或实施细则进行复查，根据需要进行补充修订；每三至五年进行一次全面修订，在履行审批手续后印发执行。

第六章 安 全 教 育

第二十七条 调度机构应组织制定年度安全生产教育培训计划，定期开展培训，加强安全生产教育考核，确保所有员工具有适应岗位要求的安全知识和安全技能，增强事故预防和应急处理能力。

第二十八条 调度机构安全生产教育培训内容包括但不限于《国家电网有限公司安全工作规定》《国家电网公司电力安全工作规程》《国家电网公司安全事故调查规程》《国家电网有限公司电力突发事件应急响应工作规则》《电力监控系统安全防护规定》及《电网调度控制运行安全生产百问百查读本》《电网调度控制运行反违章指南》《电网调度控制运行安全风险辨识防范手册》安全读本等，安全生产教育培训应结合调度运行特点和日常业务开展。

第二十九条 调度机构新入职人员必须经过专业处室（科室、班组）安全生产教育、中心安全培训，在考试合格后方可进入专业处室（科室、班组）工作。安全生产教育培训的主要内容应包括电力安全生产法律法规、规章制度及调度机构内部安全生产工作要求。

第三十条 调度机构新入职运行值班人员须经专业培训，并经考试合格后方可正式上岗，专业培训的主要形式包括发电厂和变电站（换流站）现场实习、跟班实习、各专业轮岗学习、专业技术培训等。

第三十一条 在岗生产人员安全培训要求如下：

（一）调度机构应定期组织在岗人员的安全生产教育培训，对在岗人员开展有针对性的现场考问、技术问答、事故预想、反事故演习等培训工作；各专业处室（班组）负责本专业管理范围内安全生产教育培训工作的具体实施；

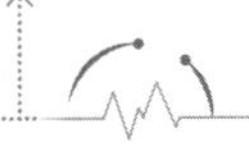

（二）调度机构应加强在岗生产人员现场培训，熟悉现场设备及工作流程，调度运行专业至少每年开展两次；

（三）离开调度运行岗位三个月及以上的调度员，应重新熟悉设备和系统运行方式，并经安全规程及业务考试合格后，方可重新开展调度运行工作；

（四）生产人员调换岗位，应当对其进行专门的安全生产教育培训，经考试合格后，方可上岗；

（五）每年进行一次全员安全知识和安全规程制度考试，不及格的应限期补考，合格后方可重新上岗；

（六）对违反安全规章制度造成事故、严重未遂事故的责任者，应停止其业务工作，学习有关安全规章制度，考试合格后方可重新上岗；

（七）调度机构人员应学习自救互救方法、疏散和现场紧急情况处理方法，掌握触电现场急救方法，掌握消防器材的使用方法。

第三十二条　调度机构应定期对调度业务联系对象进行培训，组织开展持证上岗考试。调度业务联系对象经培训合格并取得任职资格证书后方可持证上岗。

第七章　安　全　活　动

第三十三条　调度机构每年至少应开展两次以上安全日活动，安全日活动由安全第一责任人主持，中心安全员协助，全体员工参加，活动主要内容如下：

（一）传达上级有关安全生产指示；

（二）学习事故通报及安全生产简报；

（三）讨论、分析安全生产隐患及整改措施；

（四）布置本专业安全生产工作；

（五）其他与安全生产有关的工作。

第三十四条　调度机构应每周召开一次安全生产例会，相关专业人员参加，协调解决安全工作存在的问题，安排布置安全生产工作任务。

第三十五条 调度机构每季度应至少召开一次安全分析会，会议由调度机构安全生产第一责任人主持，相关专业人员参加，会后应下发会议纪要。会议主要内容应至少包括：

（一）组织学习有关安全生产的文件；

（二）通报电网运行情况；

（三）各专业根据电力电量平衡、电网运行方式变更、季节变化、火电储煤变化、水电及新能源运行情况、网络安全情况、通信系统及调度数据网运行情况、技术支持系统运行情况等，综合分析安全生产趋势和可能存在的风险；

（四）根据安全生产趋势，针对电网运行存在的问题，研究应对事故的预防对策和措施；

（五）总结事故教训，布置下一步安全生产重点工作。

第八章 安 全 检 查

第三十六条 调度机构应执行迎峰度夏（冬、汛）、节假日及特殊保电时期的安全检查制度，根据季节性特点、检修时段，每年至少组织一次安全专项检查或抽查。

第三十七条 调度机构进行安全检查前，应结合当前的工作实际编制安全检查提纲，对检查出的问题要制订整改方案并督促落实。

第三十八条 调度机构迎峰度夏（冬、汛）专项安全检查主要内容如下：

（一）结合季节安全生产特点，以查管理、查规程制度执行情况、查隐患、查安全措施落实情况为重点，从电网运行管理、二次设备管理（含继电保护、安全自动装置、调度技术支持系统、电力监控系统网络安全防护、电力通信）、网源协调管理、应急预案制定以及演练、迎峰度夏（冬、汛）准备情况等方面开展检查（抽查）工作；

（二）检查、抽查直调发电厂（场、站）运行管理、设备维护、燃料供应、应急处置、电力监控系统网络安全防护等方面存在的问

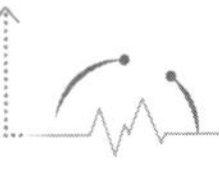

题和薄弱环节。

第三十九条　调度机构节假日及特殊保电等时期专项安全检查主要内容如下：

（一）保电工作组织领导和工作制度执行情况；

（二）保电工作方案、事故处置方案、电网应急处置方案及备调运行管理情况；

（三）值班人员对节日方式和保电预案的熟悉程度，调度技术支持系统维护和管理情况，运行系统、设备和参数是否完好，电源系统、机房空调、消防设施、反恐安保、办公场所、值班安排是否正常等；

（四）组织协调下级调度机构和运行单位保电工作进展情况。

第四十条　加强调度操作票、设备检修票、电力监控系统检修票、电力通信检修票等管理，调度机构应健全完善相关管理制度，定期进行统计、分析、评价和考核。

第四十一条　加强调度系统反违章管理，各级调度机构应执行预防违章和查处违章的工作机制，开展违章自查、互查和稽查，采用违章通报、考核等手段，加大反违章力度，定期通报反违章情况，对违章现象进行点评和分析。

第四十二条　调度机构应按照调度机构安全生产保障能力评估标准开展自查评工作，针对存在的问题制定整改计划，并对落实情况进行跟踪检查。

第四十三条　调度机构应以三至五年为周期对下级调度机构开展安全生产保障能力评估，组织制定相关工作计划；下级调度机构应根据专家查评报告开展整改，按要求将整改计划报上级调度机构。

第九章　风　险　管　理

第四十四条　各级调度机构应全面实施安全风险管理，推行安全管理标准化，对各类安全风险进行超前分析和流程化控制，形成“管理规范、责任落实、闭环动态、持续改进”的安全风险管理工作机制。

第四十五条 调度机构应开展电网 2～3 年滚动分析校核，组织制定所辖电网年度运行方式，全面评估电网运行情况、安全稳定措施落实情况及其实施效果，分析预测电网安全运行面临的风险，组织制定风险专项治理方案。

第四十六条 调度机构应建立风险预警机制，开展月度日前安全校核分析工作，评估临时方式、过渡方式、特殊方式的电网风险，制定防范及应急措施，及时启动电网运行风险预警，提出电网风险控制的要求。

第四十七条 调度机构应定期开展问题（隐患）排查和治理工作。对发现的安全问题（隐患）进行评估。经评估达到规定隐患等级的，应纳入公司隐患统一管理。

第四十八条 按照“谁主管、谁负责”和“全方位覆盖、全过程闭环”原则，调度机构分管领导负责指导分管范围内的问题（隐患）排查治理及审核评估工作；专业负责人负责本专业问题（隐患）的控制、治理等相关工作，承担问题（隐患）排查治理的闭环管理责任。

第四十九条 调度机构应针对新设备启动、调度倒闸操作、调度自动化系统设备检修、日前停电计划、继电保护定值整定及流转、技术支持系统使用、电力通信系统检修等电网调度主要生产活动，按要求开展核心业务流程及标准化作业程序建设。

第五十条 调度机构应加强核心业务流程建立、执行到审计、监督、评估和改进的全过程管理，在流程中固化工作节点内容、时标，以核心业务的流程化、信息化推动调度工作的标准化、规范化。

第五十一条 调度机构应加强调度自动化系统运行保障，避免因物理安全风险、机房辅助设施、系统平台和软硬件、内部人为破坏和运维不当、外部网络攻击等导致的核心功能失效事件；应加强电力监控系统安全防护工作，坚持“安全分区、网络专用、横向隔离、纵向认证”的原则，保障电力监控系统安全运行。

第五十二条 调度机构应建立运行值班员业务承载力分析机

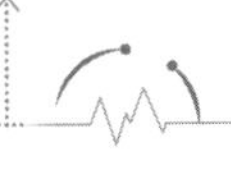

制，合理调配调度员值班期间的人数与工作量，安全、高效开展电网运行工作。

第十章　应　急　管　理

第五十三条　按照"实际、实用、实效"的原则，建立完善调度机构应急预案体系，主要包括：调度机构应对大面积停电事件应急处置方案、电力保供应急预案、调度自动化系统故障应急预案、电力监控系统网络安全事件应急预案、通信系统突发事件应急预案、备调应急启用方案等处置预案。针对运行值班、设备运行维护等重要岗位，要进一步细化编制对应岗位明白纸和应急处置卡。

第五十四条　编制年度演练计划，针对各项应急处置方案，每年至少应开展一次应急演练。演练宜采用实战化、无脚本的形式。演练结束后应进行总结分析，查找存在的问题，提出改进建议，及时组织应急处置方案修订工作。

第五十五条　建立完善应急预案和协调工作机制：

（一）涉及下级或多个调度机构的，由上级调度机构组织共同研究和统一协调应急过程中的应急预案，明确上下级调度机构协调配合要求；

（二）需要上级调度机构支持和配合的，下级调度机构应及时将调度应急处置方案报送上级调度机构，由上级调度机构统筹协调；

（三）可能出现孤网运行的，上级调度机构应根据地区电网特点与关联程度，组织下级调度机构及相关发电企业对应急处置方案进行统筹编制。

第五十六条　加强调度机构反事故演习管理，定期组织反事故演习，统一规范反事故演练工作的方案编制、组织形式、演练流程。

（一）每年调度机构应至少组织或参加一次电网联合反事故演习。联合反事故演习应依托调度员培训仿真系统（DTS），应尽可能将备调系统、网络入侵、应急通信等内容纳入演习；

（二）联合反事故演习参演单位应包含相关调度机构、输变电运维单位、发电厂（场、站）、用户等调度对象，各单位参演人员应包含运行人员及技术支撑专业人员；

（三）联合反事故演习可由调度机构自行组织，也可与公司大面积停电、设备设施损坏、水电站大坝垮塌、气象灾害或地震地质灾害处置、电力服务事件处置等专项预案应急演练协同进行；

（四）联合反事故演习应组织相关人员现场观摩，并开展反事故演习后评估；

（五）调度运行专业每月应至少举行一次专业反事故演习。

第五十七条　调度机构应成立调度应急指挥工作组，组长由调度机构行政正职担任，在本公司应急领导小组及上级调度机构领导下开展工作。调度应急指挥工作组应结合本调度机构实际情况，下设故障处置、技术支撑、综合协调等小组，协同参与应急处置：

（一）当公司启动应急预案，调度应急指挥工作组按公司有关规定及要求执行；

（二）调度管辖范围内电网、电力通信网、电网技术支持系统、调度重要场所等发生突发事件时，调度机构应根据要求及时启动应急响应，并按照相关规定向上级调度机构、公司应急办、总值班室及有关部门报告；

（三）调度应急指挥工作组及相关专业组成员应按要求及时赶赴指定场所，指挥和协助应急处置；

（四）加强应急处置过程中的信息收集与共享，调度应急指挥工作组统一指挥电网运行信息的汇集与报送工作，按需调取相关资料；

（五）应急响应解除后，调度应急指挥工作组应及时向公司应急领导小组和上级调度机构报告。调度机构应对突发事件应急处置情况进行调查评估，提出改进措施，整理归档相关信息资料。

第十一章　备　调　管　理

第五十八条　各级调度机构应结合实际制定备调运行管理细则，加强备调场所、技术支持系统、后勤保障、人员及资料管理，

确保满足日常运行和应急启用条件。

第五十九条　各级调度机构应编制备调启用应急方案，明确应急组织形式及职责、应急处置措施等。针对调度、自动化、通信等岗位，应编制备调启用应急处置卡，规范应急处置程序和措施。

第六十条　建有同城第二值班场所的调度机构，应考虑同城第二值班场所和异地值班场所在运行管理、应急启用、演练评估等方面的差异化要求，确保有效支撑人员业务常态化同步值守。

第六十一条　加强备调值班人员管理，备调值班人员经培训考试合格、取得任职资格后方可上岗。建设同城第二值班场所的调度机构，应按照满足同城双场所同步值守的需求进行调度员配置和培养。

第六十二条　加强调度机构备调演练管理，每月开展主、备调技术支持系统技术及管理资料的一致性、可用性检查；每季度组织一次电网调度指挥权转移至同城第二值班场所的应急演练，每年至少组织一次电网调度指挥权转移至异地值班场所的综合性应急演练。

第六十三条　主、备用技术支持系统应实行同质化管理，保持同步运行、同步维护、同步升级，系统的同步状态和数据一致性应进行实时监视，确保主、备用技术支持系统同时可用。

第六十四条　调度机构应建立备调评估机制，对备调临时启用的实战情况进行总结评估，及时发现问题，落实整改措施，不断提高备调建设、运行管理水平。

第十二章　涉网安全管理

第六十五条　调度机构与发电企业、直调大用户应按照公司统一合同文本签订并网调度协议，应明确双方在电网运行方面的安全责任与义务。

第六十六条　依法依规履行发电企业、直调大用户涉网安全监督职能。

（一）新、改、扩建发电机组满足并网必备条件后方可并网，新机组完成各项系统调试工作，满足《电网运行准则》《电力系统安全稳定导则》等有关规定，方可进入商业运行；

（二）对已并网发电机组和涉网设备，应定期检查是否符合并网必备条件，并进行复核性试验，复核周期不应超过5年。存在问题的，应及时发出整改通知书，督促发电企业按要求进行整改；

（三）对并网发电厂、直调大用户发生涉及电网安全的异常和故障，调度机构应及时组织进行技术分析和评估，督促其完成事故技术分析与评估报告，有效落实整改措施；

（四）指导、督促并网发电企业、直调大用户落实电网、电力调度数据网、电力通信网反事故措施、电力监控系统安全防护等相关要求，对整改措施落实情况进行跟踪检查；

（五）及时向并网发电企业、直调大用户通报涉网安全要求，组织开展涉网安全专题培训。

第六十七条 加强新能源厂（场）站并网安全管理，严格落实新能源厂（场）站入网检测要求，严禁不满足并网条件的新能源厂（场）站违规并网。

第六十八条 持续完善分布式电源接入配电网安全管控措施，建立分布式电源涉网安全检查和整改机制，细化设备停电计划、倒闸操作、运行维护、检修工作要求，加强分布式电源接入区域内配电网管理和用电异常分析，及时消除安全隐患。

第六十九条 强化大用户涉网管理，相关调度机构应严格履行并网协议要求，参与用户系统接线、运行方式等技术方案审查和设备受电前验收工作，定期检查用户侧涉网设备配置、保护装置定值等情况，确保各项安全措施落实到位。

第七十条 持续深化国、网、省（自治区、直辖市）、地（县）网源协调管理平台应用，强化涉网参数和资料管理，不断提升涉网安全管理水平。

第十三章　工　程　管　理

第七十一条 建立调度机构项目立项、施工方案审查、过程管控监督、验收评价等全流程闭环安全管控机制，健全各项规章制度，

避免发生各类人身、电网、设备和网络安全事件。

第七十二条 调度机构立项的工程项目，在签订合同时应同步签订安全协议，涉及调度保密信息的工程项目应签订保密协议。

第七十三条 外来施工人员进入调度场所开展作业需履行安全准入和工作票手续，经安全培训并考试合格后方可作业。作业时应做好安全措施。

第七十四条 在有可能引起安全事故的调度场所作业时，施工方应制定三措一案（组织措施、技术措施、安全措施、施工方案），经审核无误后严格按照施工方案进行作业，不得擅自变更；督导非调度场所的电力监控、通信工程项目“三措一案”落实情况。

第十四章 考评与奖惩

第七十五条 安全奖惩应坚持精神鼓励与物质奖励相结合、思想教育与经济处罚相结合的原则，实行安全目标管理、过程管控和以责论处的安全奖惩制度。

第七十六条 调度机构应对安全绩效考核情况进行通报，并将安全绩效考核纳入员工绩效考核。

第七十七条 调度机构应对安全生产工作方面有突出表现的下级调度机构和个人提出表彰奖励建议，对未实现安全目标或发生责任性安全事故的下级调度机构和个人在评先、评优方面实行“一票否决”。

第七十八条 发生一般及以上人身事故、五级及以上人员责任电网和设备事件、六级及以上人员责任信息安全事件，或发生造成重大影响事件的单位，应在要求时间内向上级调度机构汇报清楚。

第十五章 附则

第七十九条 本规定由国调中心负责解释并监督执行。

第八十条 本规定自2023年01月16日起施行。原《国家电网公司调度机构安全工作规定》[国家电网企管〔2018〕176号之国网（调/4）338—2018]同时废止。

附录 3 《国家电网有限公司在线安全分析工作管理规定》

规章制度编号：国网（调/4）331—2022

国家电网有限公司在线安全分析工作管理规定

第一章 总　　则

第一条　为确保国家电网有限公司（以下简称“公司”）调度系统在线安全分析（以下简称在线分析）工作有序开展，根据《电力系统安全稳定导则》（GB 38755）、《电网在线安全分析与控制辅助决策技术规范》（GB/T 40606）、《电力系统安全稳定计算规范》（GB/T 40581）以及公司调度运行管理相关规程规定和技术规范，制定本规定。

第二条　在线分析工作遵循以下基本原则：

（一）遵循“计算数据统一下发”原则。省级以上调控机构原则上应使用国家电力调度控制中心（以下简称国调中心）统一下发的全网计算数据。华东、东北、西北、西南区域各网调、各省调在进行仅涉及本级及以下调管范围内的电网在线分析时，可使用所在区域网调下发的计算数据。

（二）遵循“统一分析，分级管理”原则。省级以上调控机构采用统一的计算数据，负责各自调管范围内的在线分析任务，分析结果全网共享。

（三）遵循“专业分工明确、各司其职、协同推进”原则。省级以上调控机构应成立以调控中心分管领导为组长、相关专业参与的专项工作组，持续完善调控中心内部在线分析工作管理机制，细化专业分工，强化工作协同，提升电网安全运行保障能力。

（四）遵循“鼓励闭环应用”原则。省级以上调控机构应统筹推进静态安全分析、短路电流分析等功能的实际应用，制定实施细

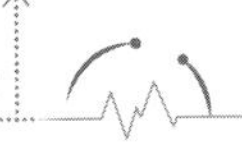

则，结合实际情况开展闭环应用。

第三条　本规定适用于公司总部、各分部、各省（自治区、直辖市）电力公司的在线分析工作。

第二章　职　责　分　工

第四条　省级以上调控机构应依照本规定，建立在线分析组织保障体系，包括数据维护团队和技术支持团队。

第五条　国调中心负责总体协调、监督及考评，履行以下职责：

（一）负责组织、指导、协调省级以上调控机构开展在线分析。

（二）负责开展调管范围内电网在线分析。

（三）负责统一管理省级以上调控机构在线分析工作（含在线分析模块建设及维护、在线数据维护及校核、分析计算、人员培训、工作考核等）。

第六条　网调负责本区域内在线分析工作协调、监督及考评，履行以下职责：

（一）负责完成国调中心布置的在线分析任务。

（二）负责组织、指导、协调区域内各省调开展在线分析；负责开展调管范围内电网在线分析。

（三）负责统一管理区域内各省调在线分析工作（含在线分析模块建设及维护、在线数据维护及校核、分析计算、人员培训、工作考核等）。

第七条　省调履行以下职责：

（一）负责完成国调中心、网调布置的在线分析任务。

（二）负责开展调管范围内电网在线分析；参与国调中心、网调发起的在线分析，根据情况主动建议上级调控机构开展在线分析。

（三）负责管理省调在线分析工作（含在线分析模块建设及维护、在线数据维护及校核、分析计算、人员培训等）。

（四）负责管理省内各地调在线分析工作（含在线分析模块建设及维护、在线数据维护及校核、分析计算、人员培训等）。

第八条 省级以上调控机构应成立以调控中心分管领导为组长的专项工作组，负责本单位在线分析工作的组织领导和指导协调；对在线分析重要事项和关键问题进行决策；针对数据管理、模块维护、功能开发、分析应用中出现的问题开展专项研究，提出解决措施并组织实施；组织南瑞集团、中国电科院等单位做好技术支撑。在线分析专项工作组成员应包括调度运行、自动化、系统运行、新能源、调度计划专业，各专业职责分工如下：

（一）调度运行专业：统筹在线分析工作管理；负责提供日内联络线计划、日内发电计划、日内设备停复役计划、日内系统负荷预测及母线负荷预测等数据；负责开展在线分析，并向自动化专业提出系统缺陷及功能要求，向相关专业反馈计算结果。

（二）自动化专业：配置专人配合工作，负责状态估计数据校核、模型维护及参数映射；负责在线分析各类历史数据的存储；负责智能电网调度控制系统稳定运行；负责对在线分析结果反馈，并提出相关建议。

（三）系统运行专业：配置专人配合工作，负责及时提供动态模型（含公共故障集）、相关静态模型、电网特性相关资料，参与模型维护；负责对在线分析结果反馈，并提出相关建议。

（四）新能源专业：配置专人配合工作，负责提供日前、日内等新能源预测数据；负责对在线分析结果反馈，并提出相关建议。未设置新能源专业的单位，相关工作由调度计划专业负责。

（五）调度计划专业：配置专人配合工作，负责提供日前联络线计划、日前发电计划、设备停复役计划、日前系统负荷预测及母线负荷预测等数据；负责对在线分析结果反馈，并提出相关建议。

第九条 省级以上调控机构调度运行专业应设立安全分析工程师岗位，该岗位负责承担在线分析任务。具备条件的单位，应为安全分析工程师提供系统运行专业轮岗、技术支撑厂家交流等培训机会。

第十条 省级以上调控机构在线分析试点工作由调度运行专业牵头开展，相关专业予以配合。

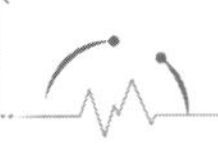

第十一条　数据维护团队及技术支持团队负责提供业务支撑及技术支持，职责如下：

（一）数据维护团队：由调控机构自动化专业、系统运行专业、新能源专业、调度计划专业相关技术人员、南瑞集团、中国电科院、各省电科院等单位相关专业人员组成，负责本机构数据维护工作，确保调管范围内数据的正确性。南瑞集团、中国电科院相关人员负责国调及网调的数据维护，各省电科院负责省调的数据维护。

（二）技术支持团队：由调控机构调度运行专业、自动化专业相关技术人员、南瑞集团、中国电科院等单位的维护人员及开发人员组成，负责在线分析功能优化完善、应用技术支持等系统维护工作，确保在线分析功能的正常运行。

第三章　在线分析工作内容

第十二条　在线分析工作内容包括电网实时分析、电网预想方式分析、电网应急状态分析、电网未来态分析以及在线软件功能及数据异常处理，由安全分析工程师负责开展相关工作。

第十三条　电网实时分析要求如下：

（一）电网实时分析是指利用在线分析模块自动完成对当前电网运行方式的扫描，实现对当前电网运行方式的评估、告警和辅助决策。

（二）启动条件：电网实时分析以 5 分钟为周期开展，扫描故障应包括上级调控机构公共故障集中与本网有关的故障及自定义故障集。

（三）工作要求：

1. 省级以上调控机构应按照调管范围开展实时分析，实现计算结果上传下发，确保计算结果共享。

2. 安全分析工程师应密切监视实时分析结果及综合智能告警信息，对各类告警信息进行分析。告警信息仅涉及本调控机构管辖电网的，应及时予以处理；涉及其它调控机构的，应及时协调处理。

3. 安全分析工程师应比对本机构 SCADA 采集遥信遥测量与

国调中心下发的在线计算数据，使用自动分析工具核对在线系统中设备状态、重点断面潮流等。发现问题时应及时按照“功能及数据异常处理流程”处理。

第十四条 电网预想方式分析要求如下：

（一）电网预想方式分析是指利用在线研究态模块开展的计算分析。

（二）启动条件：

1. 重大倒闸操作前、发受电计划大幅度调整前等情形。

2. 出现特殊负荷日、特殊检修日、特殊气象日等方式。

3. 进行电网风险分析，制定电网故障处置预案。

4. 电网发生跨区跨省直流闭锁、220kV 以上设备 $N-2$ 同时跳闸后分析，并与电网实际运行状态（WAMS 曲线等）进行比对。

5. 实时分析、未来态分析中出现告警信息的情况。

6. 现货交易系统、大电网运行指标体系等其他应用发出告警，需进一步分析时。

7. 其他需进行预想方式分析的情况。

（三）工作要求：

1. 省级以上调控机构应定期开展电网预想方式分析，做好计算结果同实际运行情况的比对，并形成计算分析报告。

2. 预想方式分析的计算数据应确保潮流收敛、数据准确合理。计算数据应包含预想方式对应的故障集。

3. 预想方式分析应有明确的评估结论和辅助决策建议，并给出解释说明，辅助决策手段应切实可行，计算结果异常时应及时反馈相关专业。

第十五条 电网应急状态分析要求如下：

（一）电网应急状态分析是指电网处于应急状态（运行方式遭到严重破坏时）下的在线分析。

（二）工作要求：

1. 电网运行方式严重破坏后，调度运行人员应依据相关规程进行故障处置，并同时启动应急状态分析，重点分析解决设备过载、

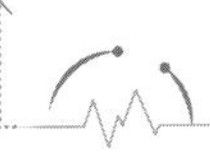

提高系统稳定性的措施。

2. 当电网故障处置涉及多个调控机构时，可根据实际情况启动联合计算分析。

3. 电网故障处置结束后，应妥善保存计算数据，以供故障分析后评估使用。

第十六条　电网未来态分析要求如下：

（一）电网未来态分析是指基于当前电网潮流数据和日内联络线计划、日内发电计划、日内系统负荷预测及母线负荷预测等信息，生成未来多个时间断面的全网潮流方式，根据需要开展静态安全分析、短路电流分析等计算，实现对电网潮流变化趋势的评估、预警。

（二）启动条件：

1. 周期启动：未来态分析应以 15 分钟为周期自动开展。

2. 手动启动：当出现现货交易出清、联络线计划调整等电网方式变更时，安全分析工程师应手动开展。

（三）工作要求：

1. 安全分析工程师应实时关注未来态分析所需数据的获取情况，确保当前电网潮流数据和预测类数据正确获取、未来态潮流收敛。各网调、各省调应确保上传国调中心数据的有效性、合格性和准确性。

2. 安全分析工程师应密切关注未来态分析结果，当发现断面越限、系统失稳等异常后，应及时启动预想方式分析，确认结果准确后应及时采取措施进行预控。

3. 电网未来态分析时段至少包含未来 4 小时（数据间隔 15 分钟），对象应包含调管电网内全部主设备（含线路、主变等）及重要输电断面。

4. 依托自动化手段，对未来态数据有效性、合格性和准确性进行滚动校验；校验未通过时应及时提示，由安全分析工程师通知数据维护团队处理。

第十七条　功能及数据异常处理要求如下：

（一）功能及数据异常指潮流不收敛、状态估计数据错误或偏差较大、各类参数有疑义、在线软件功能异常、智能电网调度控制系统异常等。

（二）安全分析工程师是异常填报的主要负责人，其它使用者发现数据或在线软件异常时，应及时告知安全分析工程师。

（三）进行异常处理时，调度运行、自动化、系统运行、新能源、调度计划专业应协同配合，调控机构间应信息共享，确保流程处理及时、高效和闭环。

（四）功能及数据异常处理实行流程化管理，具体见附件 1。

第十八条 省级以上调控机构各专业接收到调度运行专业反馈的在线分析计算结论后，应在 1 个工作日内予以回复。在线分析计算结论取得相关专业认可后，可用于实际电网运行控制。

第四章 数 据 维 护

第十九条 基本原则如下：

（一）遵循“统一命名、源端维护、全网共享”原则。调控机构承担调管范围内电网的设备模型参数维护，并对数据正确性负责。

（二）遵循“由下及上更新，由上及下同步”维护原则。

（三）遵循“（反映当前运行态下的）在线、离线模型参数一致性”原则。

（四）遵循“定量评估”原则。使用量化指标对数据质量和结论正确性进行评估，分专业建立考核机制。

（五）数据维护由数据维护团队总体负责。

第二十条 工作内容如下：

（一）静态模型维护

1. 静态模型包含设备命名、静态参数、拓扑连接关系等。

2. 正常状态下静态模型使用增量更新。必要时，可由上级调控机构组织进行全模型更新。

3. 静态模型维护实行流程化管理，具体见附件 2。

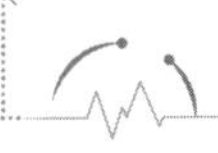

（二）动态模型维护

1. 动态模型包括动态参数、安控及自动装置策略、稳定限额以及故障集。

2. 正常状态下动态模型使用增量更新。必要时，可由上级调控机构组织进行全模型更新。

3. 动态模型维护实行流程化管理，具体见附件 3。

（三）预测类数据维护

1. 预测类数据应包含未来时段（至少为未来 4 小时）内联络线计划、发电计划、设备停复役计划、系统负荷及母线负荷预测、稳定断面定义等数据。

2. 预测类数据维护实行流程化管理，具体见附件 4。

（四）数据共享

1. 实时采集数据上传：实时采集数据包含开关刀闸状态、各类设备电压、频率、有功、无功、变压器分接头位置、安自装置状态等。实时采集数据通信索引表由上级调控机构确定，省调实时采集数据由网调转发至国调中心。

2. 实时潮流数据下发：实时潮流数据包含设备拓扑连接关系、投运状态、潮流状态估计数据。国调整合形成全网实时潮流数据（含静态模型）的 CIM/E 文件、实时采集数据，以 5 分钟为周期逐级下发；网调、省调根据国调下发的全网实时潮流数据和增量更新后的静态模型，形成在线分析数据。

3. 预测类数据上传及下发：各网调、省调应以 15 分钟为周期，滚动逐级上报预测类数据（至少为未来 4 小时，数据间隔 15 分钟）。国调整合各网调、各省调数据后，形成可供电网未来态分析使用的全网未来态数据，以 15 分钟为周期逐级下发。

4. 计算分析结果交互：计算分析结果通过 E 语言文件逐级上传/下发。实时潮流数据下发和计算分析结果交互流程具体见附件 5。

（五）历史数据存储

1. 历史数据滚动存储：在线分析所需的静态模型、动态模型、

预测类数据及实时数据，应至少存储 6 个月。历史数据存储工作及到期后删除工作应由软件自动实现。

2. 重要数据长期存储：在电网发生重大故障、方式发生重大变化或其他安全分析工程师认为确有必要的情况下，安全分析工程师应及时将数据存储需求告知自动化专业，自动化专业将在线分析所需的静态模型、动态模型、预测类数据及实时数据按需长期存储。

第二十一条 工作要求如下：

（一）模型维护要求

1. 静态模型维护

（1）网调、省调对调管范围内电网的设备参数，应以实测报告或设备铭牌为准。存在异议时，应及时向上级调控机构汇报，不得擅自修改国调下发的静态模型。确需对静态模型进行修改时，应通报国调、上级调度及数据维护团队和技术支持团队。

（2）静态模型维护由自动化专业负责，数据维护团队协助。

2. 动态模型维护

（1）动态模型维护实行修改、确认、发布的流程化管理。

（2）动态模型中涉及当前电网设备信息的，应与静态模型中的设备信息一一对应。

（3）安控及自动装置策略、断面限额应遵从统一的描述和交换标准，相关标准由国调另行制定。

（4）故障集包括公共故障集及自定义故障集。公共故障集分为国调公共故障集、网调公共故障集，分别由国调、网调指定（上级调控机构公共故障集供下级调控机构参考，下级调控机构可向上级调控机构申请调整公共故障集）。自定义故障集由调控机构自行维护。

（5）系统运行专业应确保动态模型内部数据关系正确，确保故障集、断面限额、安控及自动装置策略与模型匹配。

（6）系统运行专业应确保公共故障集中故障参数正确合理，断面裕度调整方案（包括开停机顺序、负荷调整顺序和断面功率增长方式）正确。

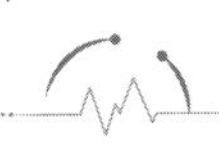

（7）安全分析工程师应配合系统运行专业维护公共故障集，并根据天气及电网方式变化等电网实际情况调整自定义故障集。

（8）动态模型维护由系统运行专业、自动化专业负责，数据维护团队协助。

3. 实时数据维护要求

（1）实时数据应保证实时性和正确性。

（2）对未采集或暂时不能修复的错误采集点（包括模拟量、开关、刀闸、变压器挡位等），应进行人工置数，并确保置数准确、及时。

（3）实时数据通信索引表应与静态模型同步维护。维护时应采取增量维护或全表导入方式，并校验实时数据通信索引表链路情况和报文内容。

（4）实时数据的模型、拓扑关系、设备状态及潮流应确保完整准确。原则上不对直流或重要厂站进行等值。

（5）实时数据维护由自动化专业负责。

4. 预测类数据维护要求

（1）预测类数据应保证有效性、合格性和准确性。

（2）各网调、各省调上报的发电计划，应对调管范围内 220kV 以上新能源并网点实现全覆盖。

（3）校验未通过的预测类数据，应由安全分析工程师进行人工修正，确保后续潮流计算的收敛性。

（4）预测类数据中，日内联络线计划、日内发电计划、日内系统负荷及母线负荷预测数据维护由调度运行专业负责；日前联络线计划、日前发电计划、设备停复役计划、日前系统负荷及母线负荷预测数据维护由调度计划专业负责；新能源预测类数据维护由新能源专业负责，未设置新能源专业的单位，相关工作由调度计划专业负责。

（二）数据校验

1. 校验要求

（1）模型校验包括静态模型校验和动态模型校验。

（2）模型校验应在系统建设、数据维护、上/下级数据接收、数据拼接等流程环节中进行。

（3）实时数据校验包括 SCADA 数据校验、在线状态估计数据校验和在线分析数据校验。

（4）预测类数据校验主要包括数据的有效性、合格性和准确性校验。

2. 静态模型校验

（1）应对静态模型的完整性和一致性进行校验。检查当前静态模型中网络拓扑结构是否存在设备缺失或不匹配。

（2）应对静态模型的设备参数和相关数据进行校验。检查设备参数/基值、线路/主变限值、母线电压上下限正确性及合理性。

（3）静态模型校验由自动化专业负责。

3. 动态模型校验

（1）应对动态模型完整性和参数合理性进行校验。检查动态模型中各类参数齐备且在正常合理范围内，无扰动稳定计算平稳。

（2）应对动态模型与静态模型描述设备和参数的一致性进行校验。检查两者的设备对应差异、元件命名一致性（或映射关系完整性）、基值和参数的差异。

（3）动态模型校验由系统运行专业负责。

4. 实时数据校验

（1）应对 SCADA 遥信、遥测数据的合理性和正确性进行校验。检查遥信数据合理，遥测数据平衡（厂站、变压器、母线以及线路首末端），支路功率、节点注入功率、节点电压和非设备量测数据在正常范围内。

（2）应对状态估计的计算收敛性和结果正确性进行校验。检查状态估计结果收敛、潮流信息合理。

（3）应对在线分析计算基础数据进行校验。检查潮流计算收敛情况、潮流结果与状态估计数据之间的偏差情况。

（4）实时数据校验应保证每周至少抽查一次。

（5）实时数据校验由自动化专业负责。

5. 预测类数据校验

（1）应对预测类数据的有效性进行检查。对各单位周期上报的日内计划数据的检修计划重复报送率、发电计划重复报送率、母线负荷预测重复报送率进行校验评价。

（2）应对预测类数据的合格性进行检查。对各单位周期上报的日内计划数据完整率、计划功率平衡率和停复役计划一致率进行校验评价。

（3）应对预测类数据的准确性进行检查。对各单位周期上报的日内计划数据的系统负荷预测准确率、母线负荷预测准确率、联络线计划准确率进行校验评价。

（4）预测类数据校验由调度运行专业负责，若发现问题，应及时通报新能源专业或调度计划专业。

（三）模型和数据校验内容具体见附件6。

第五章　系　统　维　护

第二十二条　基本原则如下：

（一）遵循“流程控制、规范管理”原则。系统维护基于统一规范的维护流程和评价体系，实行流程化处理。

（二）遵循“定量评估”原则。利用量化指标对各系统运行和维护质量进行评估，分系统建立考核机制。

（三）系统维护由技术支持团队总体负责。

第二十三条　工作内容如下：

（一）系统维护内容包括：硬件运行情况监视、软件运行状态监视、软件诊断与完善、日常运行维护等。

（二）系统维护形式包括：日常运行监视、周期巡检、异常/故障紧急处理、技术咨询服务。

1. 日常运行监视：监视系统的运行状态，包括软硬件状态、安全稳定计算数据整合成功率、应用功能运行状态、异常信息告警等。

2. 周期巡检：按照流程周期性对系统进行检查，解决运行安全隐患，保障系统运行健康状态。巡检内容包括检查各服务器CPU、内存、硬盘、数据库的使用率和软件运行状态等。

3. 异常/故障紧急处理：按照流程对系统运行异常/故障进行及时诊断处理，必要时协调研发、工程等人员参与处理。

4. 技术咨询服务：对现场运行技术问题进行解答，提出解决问题建议；对系统用户进行培训，开展技术交流活动。

（三）对日常运行监视中发现的问题，维护人员应首先根据技术资料进行故障处理。故障处理有困难的，应向开发人员咨询、协商解决办法。

（四）故障处理完毕后，应尽快形成维护工作报告，内容包括故障原因、处理措施及整改建议等内容。

（五）每次巡检完成后，维护人员应向调控机构提交巡检报告，对存在的问题给出处理建议和优化措施。

（六）实行流程化管理，具体流程见附件7。

第二十四条 工作要求如下：

（一）维护人员应严格遵守调控机构相关管理规定，按照维护流程进行系统日常维护工作。

（二）系统维护各流程环节均应经自动化专业确认，相关报告应及时整理归档。

第六章 评估与考核

第二十五条 国调中心对网调、省调在线分析工作进行评估考核，包括在线分析、数据维护和系统维护三个方面。

第二十六条 在线分析的评估考核内容如下：

（一）工作机制建设：按照相关规定实施规范化管理，实现在线分析SOP标准操作程序上线运行；设立安全分析工程师专岗，定期开展人员培训；按要求上报相关材料。

（二）在线分析应用：按要求开展电网实时分析、电网预想方式分析、电网应急状态分析、电网未来态分析，计算结果应正确合理。

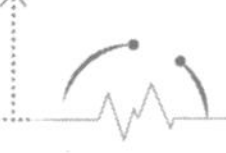

第二十七条　数据维护的评估考核内容如下：

（一）数据维护整体评估要求：模型维护及时；实时数据完整可靠、准确一致；潮流方式合理，符合电网实际工况。

（二）评估指标

1.“模型更新及时性和规范性”指标：在规定时间内完成模型更新上报，上报文件应满足相关规定要求。

2.“设备参数一致性”指标：方式数据和状态估计数据相同参数差异比较，动态和静态参数设备一一对应。

3.“实时数据质量”和“状态估计合格率”指标：实时数据及状态估计数据满足相关规定要求。

4.“状态估计潮流合理性”指标：要求状态估计结果满足基尔霍夫定理和欧姆定律。

5.“安全稳定分析计算数据合理性”指标：要求与状态估计结果偏差合理，潮流调整信息完整，动态模型映射正确。

6.“预测类数据有效性”指标：要求上报的检修计划数据、发电计划数据、母线负荷预测数据准确无重复。

7.“预测类数据合格性”指标：要求上报的数据完整无遗漏；在QS数据基础上考虑机组发电计划、联络线计划、母线负荷及系统负荷预测后，未来态QS数据的发用电基本平衡；检修设备实际停复役时间与计划安排停复役时间基本一致。

8.“预测类数据准确性”指标：要求上报的系统负荷预测数据、母线负荷预测数据、联络线计划数据与实际数据的偏差在合理范围内，数据变化趋势应与实际变化趋势相同。

（三）评估过程中，应考虑基础指标对与其相关联指标造成的影响，并通过合理设定指标统计算法尽量消除该部分影响，避免不合格数据的重复统计。包括：

1.“模型更新及时性和规范性”“设备参数一致性”“实时数据质量”对“状态估计合格率”“状态估计潮流合理性”的影响。

2.“状态估计合格率”“状态估计潮流合理性”对“安全稳定分析计算潮流数据合理性”的影响。

第二十八条 系统维护的评估考核内容如下：

（一）系统维护整体评估要求：开展及时、流程规范、归档完备、用户确认。

（二）评估指标及评估方式

1.“软件运行率”指标：SCADA、状态估计及网络应用、在线安全分析三类软件年可用率应达到99%以上；安全稳定计算数据整合收敛率应达到95%以上；安全稳定分析计算结论完备率应达到95%以上。

2.“在线分析模块紧急状况响应”指标：本地在线分析模块紧急状态响应时间应小于4小时，外地在线分析模块紧急状态响应时间应小于24小时。

3.“维护工作报告”指标：及时反馈调度运行专业。

第七章 附 则

第二十九条 本规定由国调中心负责解释并监督执行。

第三十条 本规定自2023年01月17日施行。原《国家电网公司在线安全稳定分析工作管理规定》[国家电网企管〔2014〕747号之国网（调/4）331—2014] 同时废止。

附件1：功能及数据异常处理流程

附件2：静态模型维护流程

附件3：动态模型维护流程

附件4：预测类数据维护流程

附件5：实时潮流数据下发和稳定分析结果交互流程

附件6：模型和数据校验内容

附件7：系统维护工作流程

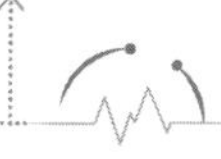

附件 1：功能及数据异常处理流程

1. 安全分析工程师在使用过程中发现异常，应启动异常处理流程，填报缺陷信息并提交至本级调控机构自动化专业，内容应包括发现时间、缺陷描述、异常情况等。

2. 自动化专业确认缺陷受理后，进行初步分析评估，如缺陷属于数据采集问题或智能电网调度控制系统异常，自动化专业应尽快完成消缺工作，必要时应提出解决方案或整改措施；如缺陷属于在线分析模块异常，应提交技术支持团队，技术支持团队应尽快完成消缺工作，必要时提出整改措施；如缺陷属于参数（含动态模型参数及相关静态模型参数）问题，自动化专业应将其流转至系统运行专业，系统运行专业应在接到缺陷信息 1 个工作日内完成消缺工作，必要时提出整改措施。

3. 涉及其它调控机构管辖电网内参数异常的，由安全分析工程师总体协调，本机构自动化专业、相关调控机构各专业配合处理。

4. 自动化专业完成消缺后，由安全分析工程师确认消缺结果，结束流程。

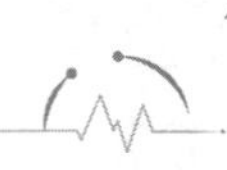

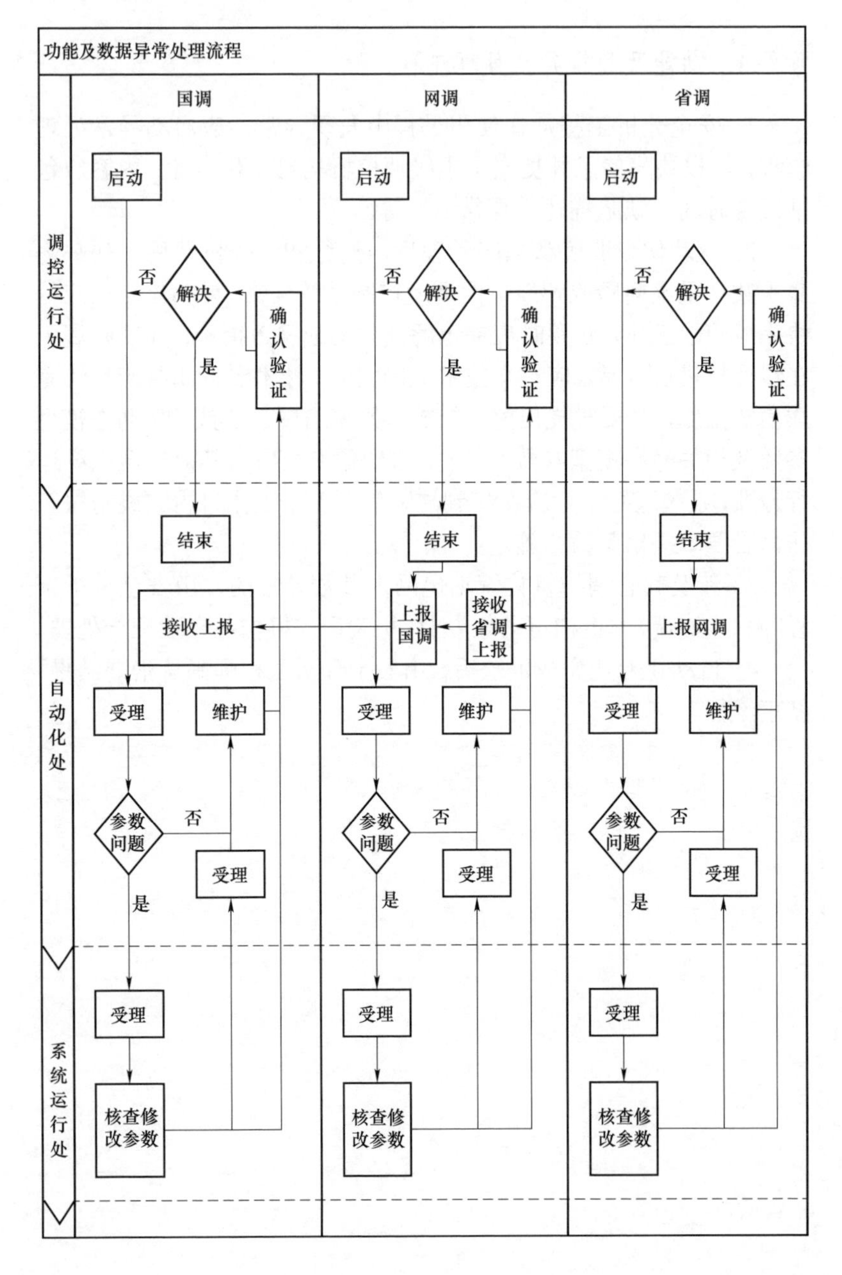
功能及数据异常处理流程
国调
网调
省调
调控运行处
自动化处
系统运行处
启动
解决
否
是
确认验证
结束
接收上报
上报国调
接收省调上报
上报网调
受理
维护
参数问题
核查修改参数

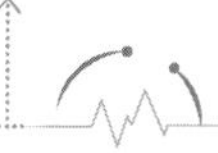

附件 2：静态模型维护流程

1. 网调、省调的新设备静态模型维护流程：

（1）省调应至少提前 4 个工作日（相比设备投产时间，下同），完成调管范围内电网静态模型维护并向网调上报。

（2）网调收到上报模型后，进行模型拼接和校验。如校验通过，则将模型下发至省调；如校验不通过，则将校验结果反馈至相关省调，相关省调应对模型进行修正并再次上报。

（3）网调应至少提前 3 个工作日，协调组织省调完成模型拼接和校验，形成网调电网静态模型，并向省调下发实时采集数据（详见数据共享部分）通信索引表。

2. 网调/国调中心的新设备静态模型维护流程：

（1）网调应至少提前 2 个工作日，完成调管范围内电网静态模型维护并向国调上报。

（2）国调中心收到上报模型后，进行模型拼接和校验。如校验通过，则将模型下发至网调；如校验不通过，则将校验结果反馈至相关网调，相关网调应对模型进行修正并再次上报。

（3）国调中心应至少提前 1 个工作日，协调组织网调完成模型拼接和校验，形成全网模型，向网调下发实时数据通信索引表，并将全网静态模型逐级下发。

（4）当原有设备静态参数发生变化时，负责该设备的调控机构需要在 3 个工作日内上报上级调控机构，经国调中心校验通过后，再下发全网。

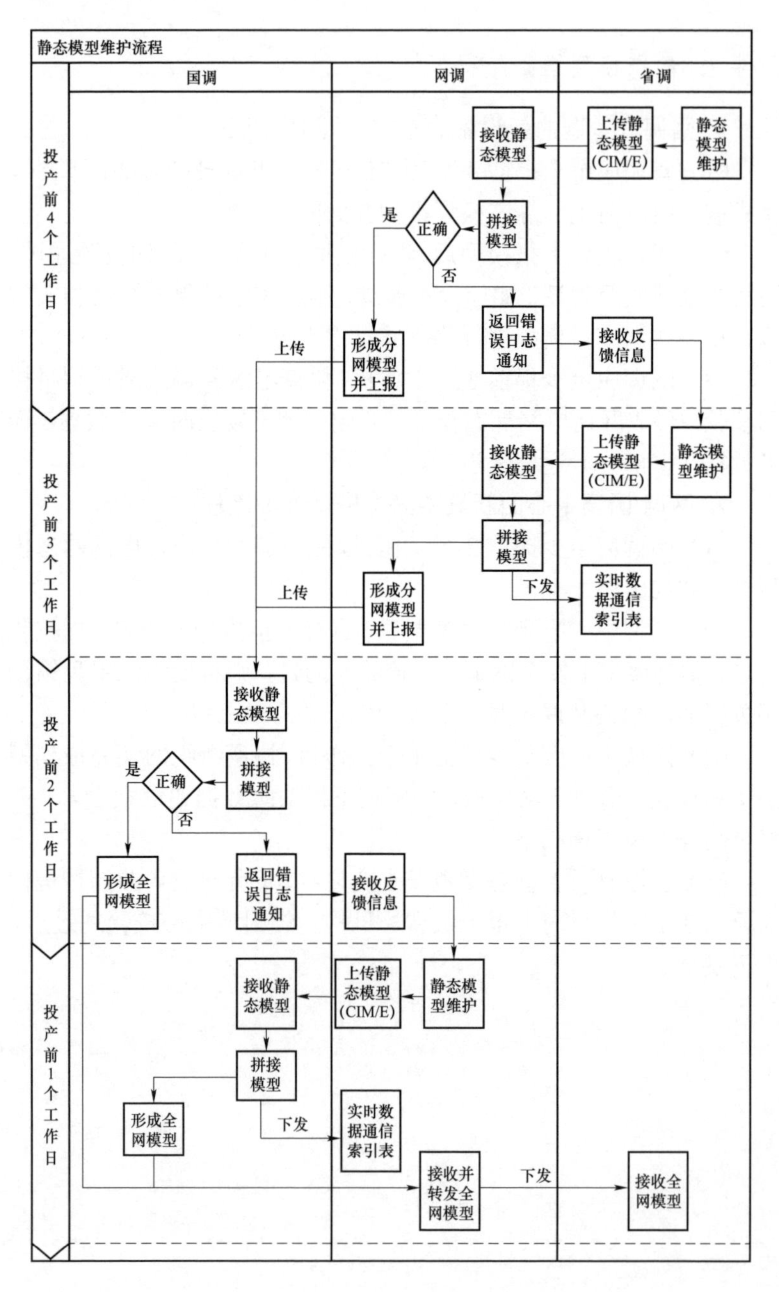

静态模型维护流程
国调
网调
省调
投产前4个工作日
静态模型维护
上传静态模型(CIM/E)
接收静态模型
拼接模型
正确
是
否
返回错误日志通知
接收反馈信息
形成分网模型并上报
上传
投产前3个工作日
静态模型维护
上传静态模型(CIM/E)
接收静态模型
拼接模型
下发
实时数据通信索引表
形成分网模型并上报
上传
投产前2个工作日
接收静态模型
拼接模型
正确
是
否
形成全网模型
返回错误日志通知
接收反馈信息
投产前1个工作日
静态模型维护
上传静态模型(CIM/E)
接收静态模型
拼接模型
形成全网模型
下发
实时数据通信索引表
接收并转发全网模型
下发
接收全网模型

附件 3：动态模型维护流程

1. 年度建模

● 结合年度方式计算数据准备工作，各网省调在 PSDB 平台完成年度调管范围内电网动态模型的维护。

● 省调通过 PSDB 平台进行潮流校验，如校验不通过，需对模型进行修正。

● 各省调完成数据准备后，网调通过 PSDB 平台进行潮流校验，如校验不通过，则将校验结果反馈至相关省调，相关省调应对模型进行修正。

● 各网调完成数据准备后，国调中心通过 PSDB 平台进行潮流校验和暂稳校验。如校验通过，则将生成的 BPA 或 PSASP 模型下发至网省调；如校验不通过，则将校验结果反馈至相关单位，相关单位应对模型进行修正。

● 各网省调应按照国调提出的时间要求，完成模型拼接和暂稳校验。

2. 冬、夏滚动

● 结合冬、夏季方式滚动计算数据准备工作，各网省调在 PSDB 平台完成年度调管范围内电网动态模型的维护。

● 省调通过 PSDB 平台进行暂稳校验，如校验不通过，需对模型进行修正。

● 各省调完成数据准备后，网调通过 PSDB 平台进行暂稳校验，如校验不通过，则将校验结果反馈至相关省调，相关省调应对模型进行修正。

● 各网调完成数据准备后，国调中心通过 PSDB 平台进行潮流校验和暂稳校验。如校验通过，则将生成的 BPA 或 PSASP 模型下发至网省调；如校验不通过，则将校验结果反馈至相关单位，相关单位应对模型进行修正。

3. 新设备投产

● 如新设备投产相关动态模型发生变化，省调在收到参数实测建模报告后，通过 PSDB 平台对模型进行填报。

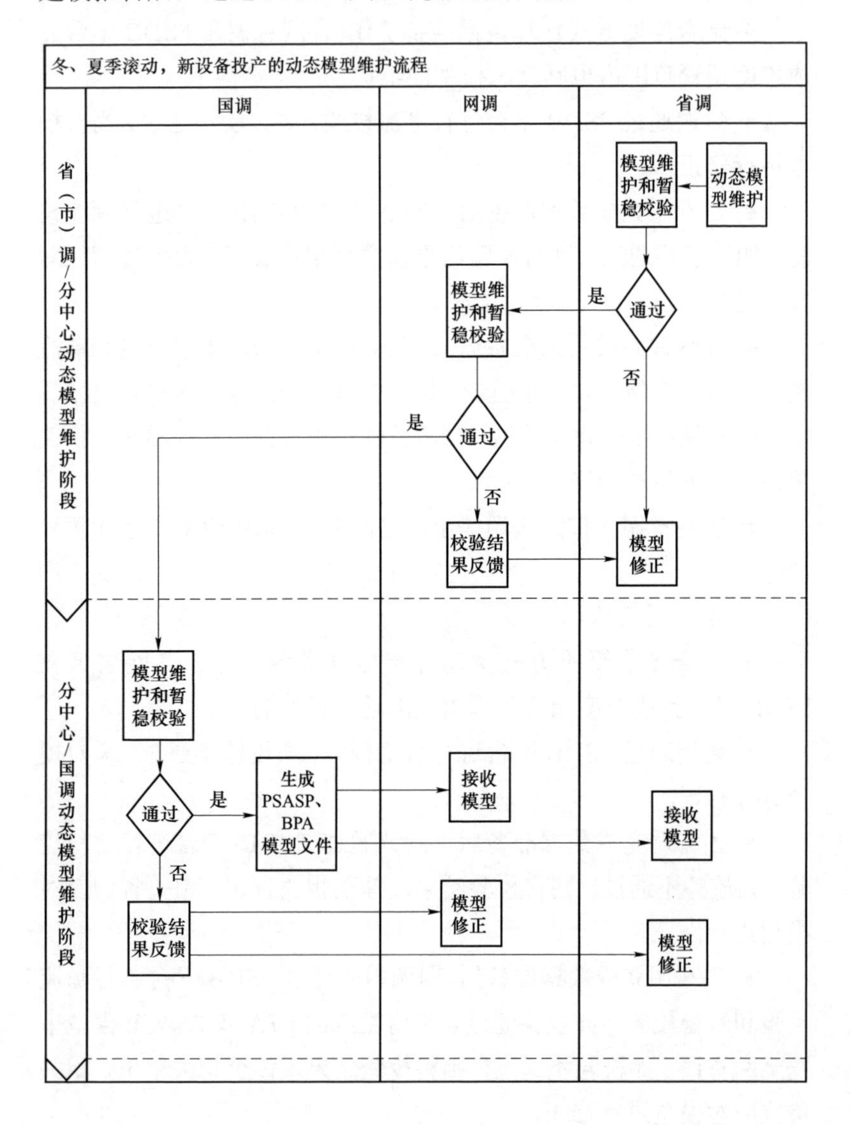

附件 4：预测类数据维护流程

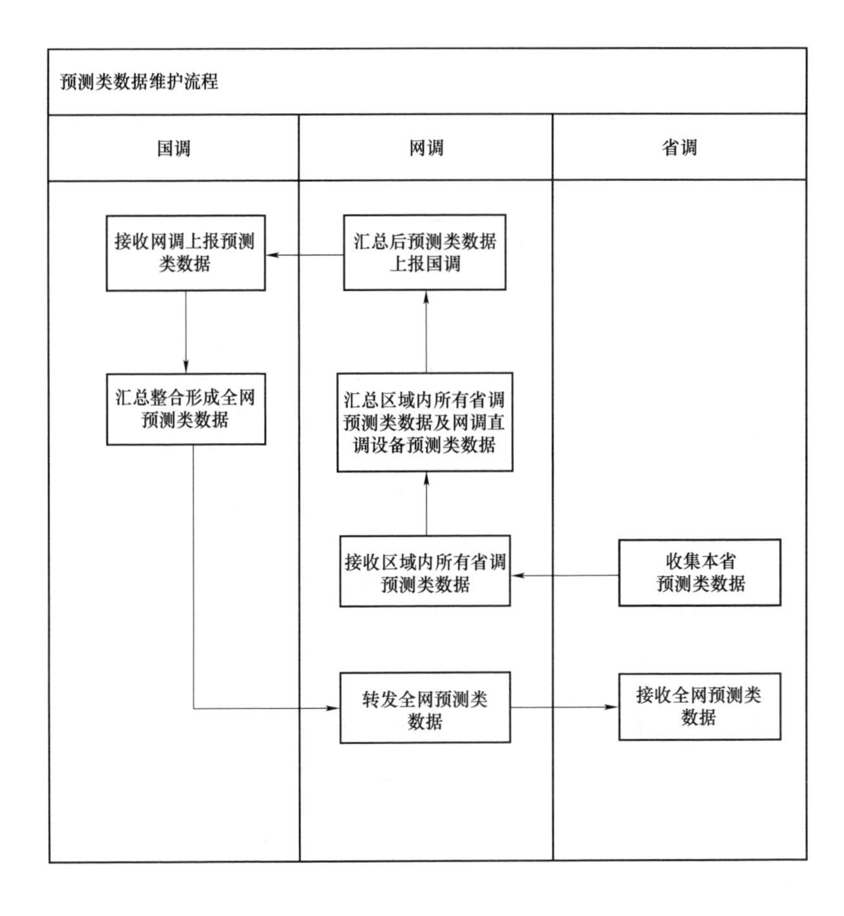

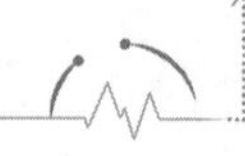

附件 5：实时潮流数据下发和稳定分析结果交互流程

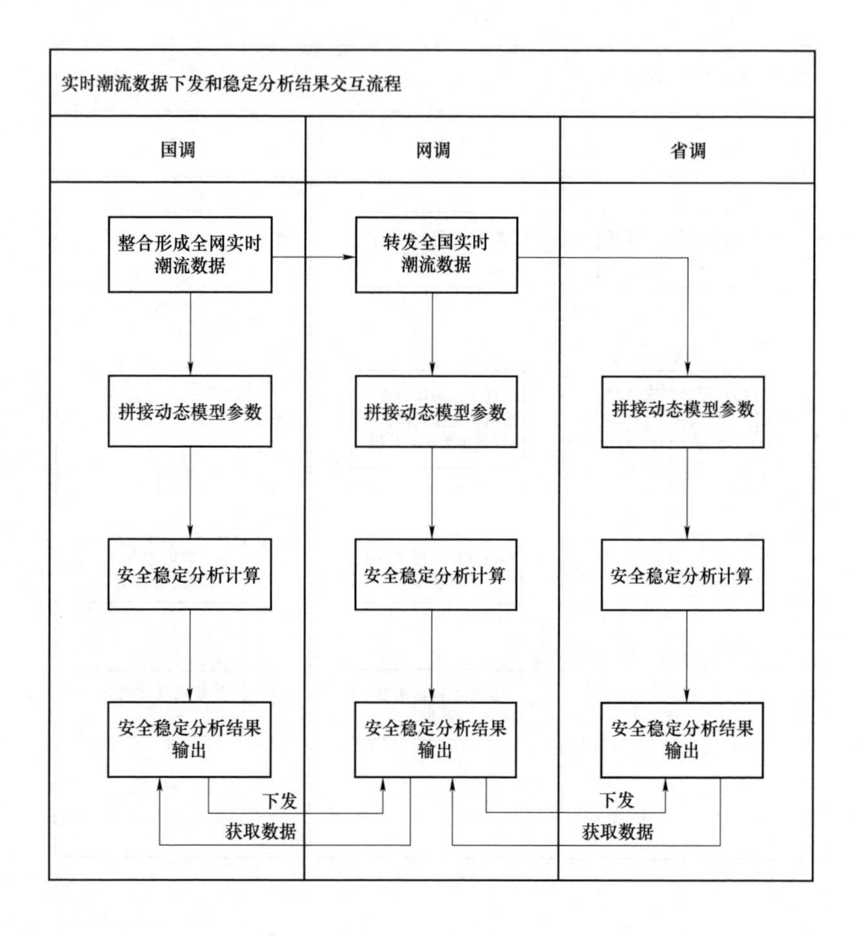

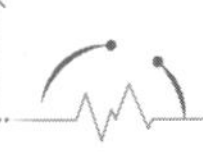

附件 6：模型和数据校验内容

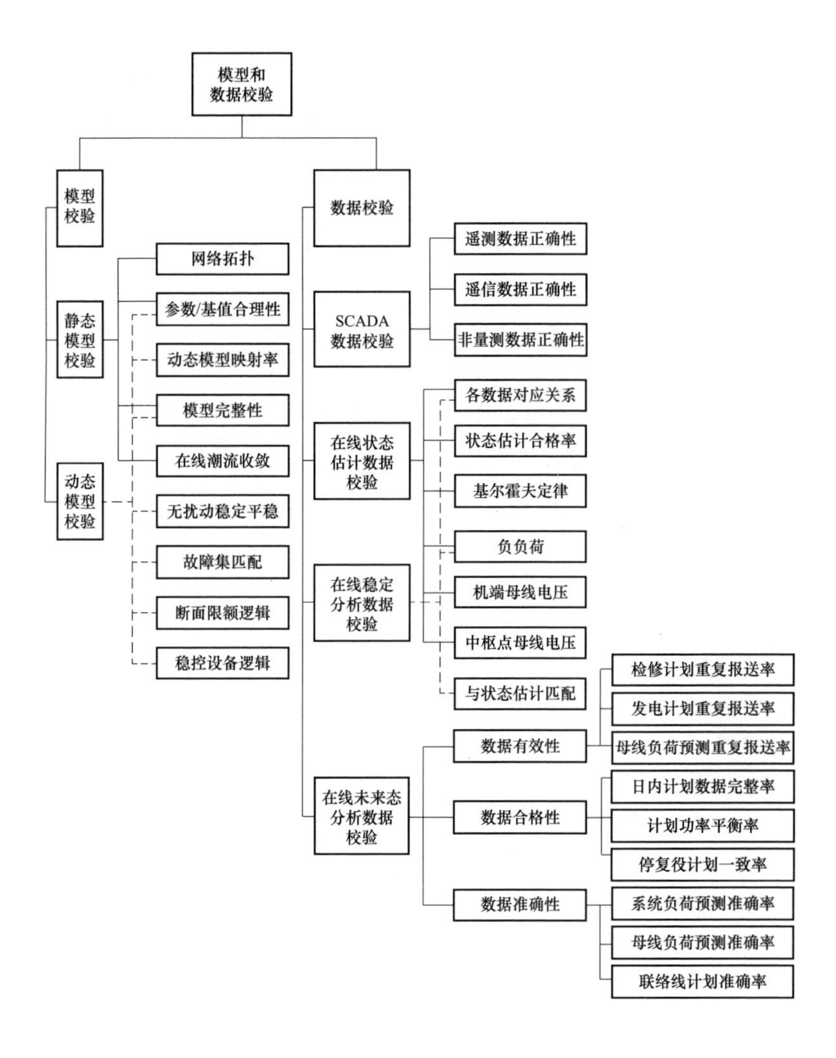

附件 7：系统维护工作流程

1. 提出问题：维护人员在发现问题后，应于当日填写详细问题描述清单，并按照相关规定进行系统维护。问题解决则提交维护工作报告，否则提交问题报告。所提交报告应经自动化专业和技术支持团队管理人员确认。

2. 确认问题：自动化专业和技术支持团队管理人员应在收到问题报告 3 个工作日内，确定问题处理方法、制定维护工作计划。

3. 解决问题：若处理措施不涉及修改系统程序，则由维护人员完成现场维护；若涉及修改系统程序，则由维护人员联系开发人员按照维护工作计划完成开发、测试、现场调试工作。维护工作结束后，维护人员应提交维护工作报告。所提交报告应经自动化专业和技术支持团队管理人员确认。

4. 系统维护工作流程如图所示。

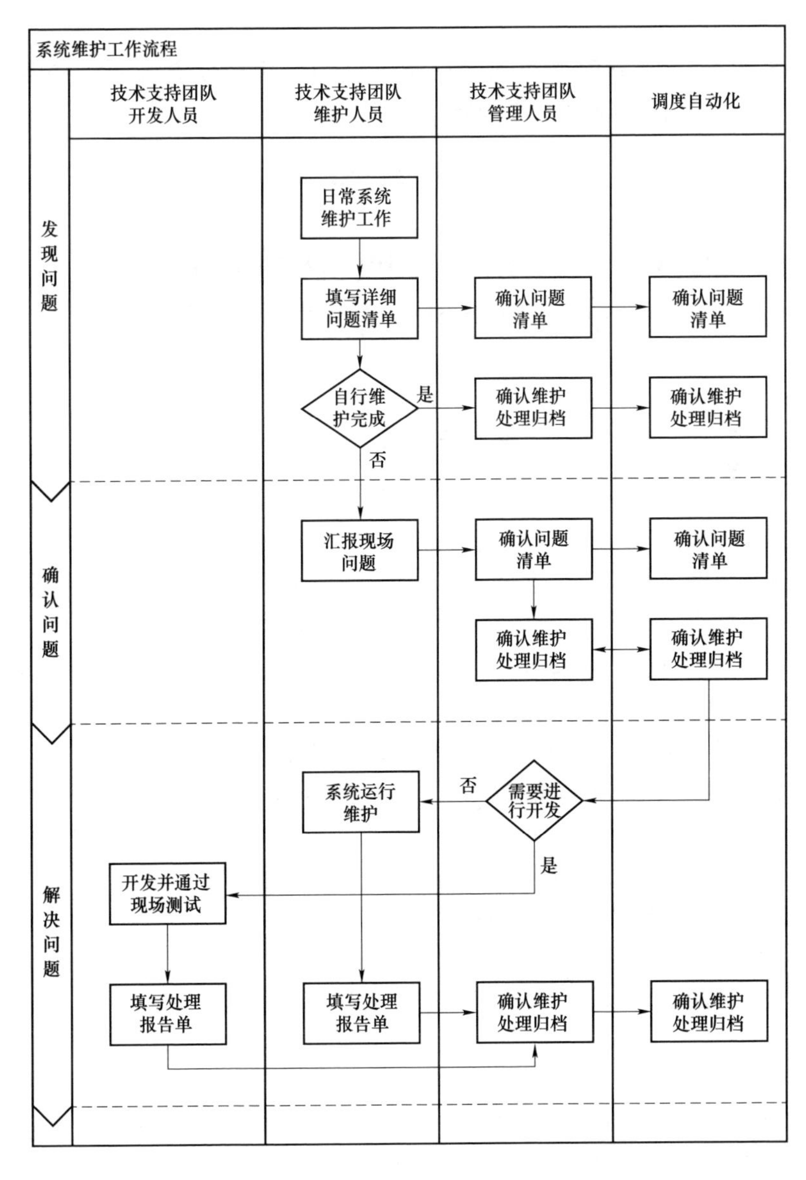

系统维护工作流程
技术支持团队开发人员
技术支持团队维护人员
技术支持团队管理人员
调度自动化
发现问题
日常系统维护工作
填写详细问题清单
确认问题清单
确认问题清单
自行维护完成
是
确认维护处理归档
确认维护处理归档
否
确认问题
汇报现场问题
确认问题清单
确认问题清单
确认维护处理归档
确认维护处理归档
解决问题
系统运行维护
否
需要进行开发
是
开发并通过现场测试
填写处理报告单
填写处理报告单
确认维护处理归档
确认维护处理归档

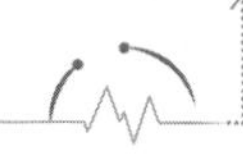

附录 4 《国家电网有限公司调度机构预防和处置大面积停电事件应急工作规定》

规章制度编号：国网（调/4）344—2022

国家电网有限公司调度机构预防和处置大面积停电事件应急工作规定

第一章 总 则

第一条 为规范国家电网有限公司调度机构应对大面积停电事件的预防和处置工作，正确、高效、快速处置大面积停电事件，保障电网安全运行和电力可靠供应，依据《国家电网有限公司安全事故调查规程》《国家电网有限公司电力突发事件应急响应工作规则》《国家电网有限公司大面积停电应急预案》等规章制度制定本规定。

第二条 大面积停电事件的预防应遵循"科学分析、实效演练、重点预控"的原则，按照"先降后控"的要求，严控电网运行风险。

第三条 按照"统一调度、分级管理、上下协同"的原则，各级调度机构应在本级公司大面积停电事件应急领导小组（以下简称公司应急领导小组）及上级调度机构的统一指挥下，开展大面积停电事件的处置工作。

第四条 本规定适用于国家电网有限公司各级调度机构。

第二章 职 责 分 工

第五条 调度机构应成立调度应急指挥工作组，在本公司应急领导小组及上级调度机构领导下开展工作。调度应急指挥工作组组长由调度机构行政正职担任，成员由调度机构分管领导及各专业人员组成。

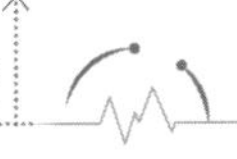

第六条　调度应急指挥工作组应结合本调度机构实际情况，设置故障处置、技术支撑、综合协调等小组。

第七条　调度应急指挥工作组的主要职责是：

（一）贯彻落实公司及上级调度机构的规定、规范以及本单位预防和处置大面积停电事件预案中电网调度相关工作要求，履行调度机构处置电网大面积停电事件的职责；

（二）按照统一对外的原则，负责调度机构与本级公司应急领导小组、上下级调度机构及相关单位的工作协调；

（三）负责协调事件调查和对外信息传达，协调各小组开展事件处置、调查分析工作；

（四）负责组织和指挥、协调调度机构各专业应急工作，及时有效控制大面积停电事件的发展，保持电网稳定运行和可靠供电；

（五）督导应急工作任务在电网运行日常工作中的落实；

（六）组织开展调度机构大面积停电事件应急处置方案的编制、修订、培训及演练。

第八条　故障处置组的主要职责是：

（一）指挥所辖电网大面积停电事件应急处置及恢复工作；

（二）协助应急指挥工作组开展事态研判，提出相关决策建议；

（三）负责收集电网运行重大事件的信息，及时向调度应急指挥组汇报；

（四）及时向上级调度部门汇报电网运行重大事件信息，执行上级调度部门事故处置指令；

（五）指导下级调度机构开展电网故障处置工作，组织对发生事故的下级电网进行事故支援；

（六）收集继电保护、安控装置等动作情况及相关信息资料，进行分析和判断，为电网事故处理提供依据；

（七）负责与相关部门沟通联系，及时获取气象、水利、地震、地质、交通运输等最新信息。

第九条　技术支撑组的主要职责是：

（一）根据应急指挥工作组的要求，做好应急情况下专业应急值班人员协调组织工作；

（二）负责保障主备调调度技术支持系统正常运行，负责调度自动化系统全停等重大技术支撑系统事故的处理；

（三）负责调度通信业务协调；

（四）负责备用调度值班场所日常管理，组织应急备用人员培训和切换演练。

第十条 综合协调组的主要职责是：

（一）根据应急指挥工作组的要求及时收集、报送相关信息；

（二）负责协调安排主备调调度运行人员及中心应急人员后勤保障，做好与本单位后勤等部门沟通协调；

（三）协调故障处置组做好监测预警工作，针对大面积停电事件预警，及时向相关部门发布停电信息。

第三章 预案及演练

第十一条 调度机构应结合所在地区自然灾害、电网设备及结构特点，针对调度场所突发事件、电网重大检修、变电站（换流站）重大故障、调度自动化系统故障、调度数据网中断、通信网故障、电力监控系统网络安全事件、重要输电走廊破坏等可能造成大面积停电的重要危险点，组织开展风险评估，建立调度机构应对大面积停电事件处置预案体系。

第十二条 调度机构应充分考虑大面积停电可能对主备调场所供电电源、UPS及直流电源、机房空调等危及调度运行指挥的影响，组织开展风险评估，编制调度机构应对处置方案。

第十三条 调度机构应根据相关法律法规和技术标准更新情况、电网结构和运行方式重大变化等，及时组织对调度机构应对大面积停电处置方案进行修订。

第十四条 调度机构主备调场所应包括但不限于《大面积停电事件处置方案》《重要厂站全停应急处置方案》《黑启动方案》等资料，并做好资料定时更新，确保实用性。

第十五条 为提升调度机构大面积停电应急处置能力，调度机

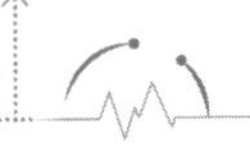

构应编制明确各专业、岗位在大面积停电处置过程中的岗位职责、专业分工、处置要点等内容的《大面积停电应急处置分工明白纸》，并纳入调度机构大面积停电事件处置方案。

第十六条　地级以上调度机构应及时在调度安全技术支持系统中更新上传地理接线图、电网接线图等相关资料。

第十七条　调度机构应根据风险评估结果，有针对性地加强应急培训管理，定期组织相关人员开展电网大面积停电应急处置方案培训。

第十八条　调度机构应根据风险评估结果，有针对性地开展应急演练，演练内容包括但不限于：

（一）年度大面积停电事件应急演练；

（二）迎峰度夏（冬）联合反事故演习；

（三）调度机构主、备调切换应急演练；

（四）重大政治活动供电应急演练；

（五）调度反事故演习。

第四章　风　险　预　警

第十九条　电网风险预警启动要求如下：

（一）调度机构相关专业根据外部环境、电网运行、供需平衡、燃料供应、设备运行等因素，综合分析电网运行风险，提出电网大面积停电预警建议，调度应急指挥工作组审核后报本单位应急领导小组；

（二）调度应急指挥工作组在接到本单位应急领导小组大面积停电预警启动通知后，应启动电网大面积停电调度预警响应并向上级调度机构报告。

第二十条　依据《国家电网有限公司大面积停电事件应急预案》，公司电网大面积停电预警分为一级、二级、三级和四级。其中研判可能发生特别重大、重大、较大、一般大面积停电事件时，分别发布一级、二级、三级、四级预警，依次用红色、橙色、黄色和蓝色表示。

第二十一条 发布一、二级预警，调度机构预警行动要求如下：

（一）调度机构启动应急值班，中心主要领导、专业分管领导、处室负责人、专业骨干、运维技术支撑人员24小时在岗值班，根据需要启动备调同步值守，启用调度应急会商，实行零报告制度；

（二）加强自动化、通信运行值班力量，增加设备巡视频次，值班人员每四小时巡视一次；

（三）加强备品备件管理，保护、自动化、通信等核心设备或老旧设备应配足配齐，并督促运维单位同步开展；

（四）通知下级调度、运维单位做好预警响应工作，恢复变电站有人值守，加强重要断面、重载线路、重要设备巡视、监测；加强电网运行风险管控，落实“先降后控”要求，强化专业协同，制定落实管控措施，严防风险失控；

（五）强化网源协调，通知直调电厂做好预警响应工作，确保发电机、锅炉、变压器等主辅设备健康水平，燃料储备充足；落实保厂用电措施，加强设备巡视；相关电厂对承担电网“黑启动”机组进行检查，确保机组具有应急启动能力；

（六）通知大用户及重要用户做好预警响应工作，检查并落实保供电措施，加强设备巡视；按照政府发布的有序用电序列表，确保足够容量的紧急拉限电容量；

（七）停止电网检修试验、新设备启动等工作，尽可能恢复检修设备，保证电网全接线、全保护运行。

第二十二条 发布三、四级预警，调度机构预警行动要求如下：

（一）调度机构启动应急值班，中心专业分管领导、处室负责人、专业骨干、运维技术支撑人员24小时在岗值班，备调进入随时启动状态，启用调度应急会商，实行零报告制度；

（二）加强自动化、通信运行值班力量，增加设备巡视频次，值班人员每六小时巡视一次；

（三）加强备品备件管理，保护、自动化、通信等核心设备或老旧设备应配足配齐备品备件，并督促运维单位同步做好支撑；

（四）通知下级调度、运维单位做好预警响应工作，通知恢复

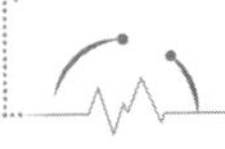

重要变电站有人值守，加强重要断面、重载线路、重要设备巡视、监测；加强电网运行风险管控，落实“先降后控”要求，制定落实管控措施；

（五）强化网源协调，通知重点直调电厂做好预警响应工作，确保发电机、锅炉、变压器等主辅设备健康水平，燃料储备充足；落实保厂用电措施，加强设备巡视；相关电厂对承担电网“黑启动”机组进行检查，确保机组具有应急启动能力；

（六）通知大用户及重要用户做好预警响应工作，检查并落实保供电措施，加强设备巡视；按照政府发布的有序用电序列表，确保足够容量的紧急拉限电容量；

（七）按照需要终止电网检修试验、新设备启动等工作，条件允许的检修设备应尽快恢复并投入运行，预警涉及范围内恢复电网全接线、全保护运行。

第二十三条 调度机构各专业预警响应要求如下：

（一）调度运行专业：加强电网监视调整，严禁电网超稳定限额运行，熟悉应急处置方案，并结合预警要求开展反事故演习，有针对性地开展在线安全分析，做好事故预想；

（二）系统运行专业：根据预警信息，开展电网运行风险评估，提出调整电网运行方式、稳定限额、安稳装置策略、无功电压控制策略意见，协助调度运行专业制订事故处置方案；

（三）调度计划专业：结合预警情况，跟踪分析负荷、来水、燃料供应等情况，全面开展电网电力平衡分析，调整交易计划，进行发电机组启停预安排，滚动开展日计划安全校核；

（四）自动化及网络安全专业：全面检查主、备调自动化系统主站、调度数据网及厂站端运行情况，停止调度自动化系统及设备检修工作，保障调度自动化系统正常运行。加强网络安全运行状态实时监视，确保网络安全防护设备运行正常。加强机房和外来人员安全管控，严格防范社会工程学攻击；

（五）水电及新能源专业：根据预警情况，加强与各级水利、气象等部门的沟通和联系，及时获取汛情和气象的最新信息，做好水电及新能源功率预测，协助制定故障处置方案。

（六）继电保护专业：根据预警信息，开展继电保护定值适应性分析，全面检查继电保护、安控装置及故障录波主站等技术支撑系统的运行情况，做好异常缺陷应急处置准备；

（七）通信专业：做好应急通信系统巡视检查，确保应急通信系统正常运行；加强通信系统网管巡视，做好通信方式安排和通信应急事故抢修准备，确保调度生产电话、保护及安控通道等重要业务不中断，保证主干通信网网络安全、重要通信站和重要用户的通信畅通；

（八）综合技术专业：做好中心内部各专业、上下级调度机构及公司其他部门预警工作协调，督促检查中心各专业预警措施落实情况，负责预警响应期间中心值班安排，以及值班场所、车辆、物资等后勤保障协调工作。

第二十四条 调度应急指挥工作组成员接到预警通知后，应按要求到达指定场所进行处置会商，指导调度运行值班人员开展大面积停电事件处置工作。

第二十五条 调度机构应严格执行《国家电网有限公司电力突发事件应急响应工作规则》《国家电网有限公司调度系统重大事件汇报规定》相关要求，及时准确开展信息报送。

第二十六条 调度应急指挥工作组可根据电网运行及电力供应趋势提出预警级别调整或预警结束建议，并依据本公司应急领导小组通知，调整或结束预警响应，并向上级调度机构报告。

第五章 应 急 处 置

第二十七条 应急启动要求如下：

（一）调度机构可根据外部环境、电网运行、供需平衡、燃料供应、设备运行等可能造成电网大面积停电的情况，向调度应急指挥工作组提出电网大面积停电应急启动建议；调度应急指挥工作组审核同意后，报本单位应急领导小组；

（二）调度应急指挥工作组在接到本单位应急领导小组大面积

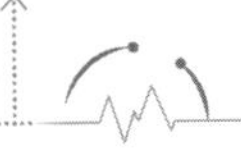

停电应急启动通知后，立即启动电网大面积停电调度应急响应并向上级调度机构、公司应急办、总值班室等相关部门报告。

第二十八条 故障处置组依据电网故障处置预案开展故障处置，并向调度应急指挥工作组报告。

第二十九条 调度应急指挥工作组接到电网大面积停电事件汇报后，电话通知全体成员立即赶赴应急指挥场所。

第三十条 调度应急指挥工作组与故障处置组、相关单位或部门进行信息收集与核实，密切关注事态发展，根据电网故障危害程度、涉及范围、损失负荷、社会影响等情况做出决策和部署。主要包括但不限于：

（一）启动内部应急值班机制；

（二）启动应急信息汇集与报送机制，按需调取相关档案资料；

（三）初步确定应急响应级别，向本单位应急领导小组申请启动应急响应；

（四）按相应响应级别要求及职责分工开展工作，向本单位应急领导小组和上级调度机构报告；

（五）组织会商，参与事故处置、指导、指挥和决策；

（六）派遣专业人员赶赴事故现场或单位进行事故支援；

（七）按需启动备调应急工作模式，做好电网调度指挥权转移或同步值守准备。

第三十一条 调度应急指挥工作组应结合电网运行实际、电力平衡分析、电网安全稳定分析等情况，综合研判，发布应急处置的要求。

第三十二条 故障处置组应根据事故势态发展，适时开展以下工作：

（一）快速发现、判断、隔离故障，尽快恢复供电。及时启停发电机组、调整发电机组有功和无功负荷、滚动调整电网运行方式和调度计划等，必要时采取拉限负荷、解列电网、解列发电机组等措施，紧急联系上级及相关调度机构协调应急支援；

（二）及时收集设备跳闸、告警、保护动作、故障录波等信息，开展设备故障性质、继电保护定值适应性分析，为值班调度员事故处置提供支持；

（三）及时收集本级及相关上下级电网运行信息，加强沟通协调，在电网恢复过程中，协调好电网、电厂、用户之间的恢复次序，保证电网安全稳定；

（四）加强与有关专业部门沟通和联系，及时获得气象、水利、交通等信息，分析对电网运行可能造成的影响，制定防范措施，提出措施建议；关注各直调水电厂水库水位及流量变化，提出水电厂水库运行方式调整建议；

（五）发生孤网运行情况时，在上级调度机构统一指挥下，故障处置组协助、指导值班调度员迅速调整运行方式和机组开停方式，恢复系统频率和电压正常，优先恢复重要负荷供电，择机并网；

（六）发生网络攻击行为时，应迅速对恶意攻击源进行定位和阻断，及时隔离受影响设备，杜绝网络攻击蔓延，尽快修复网络攻击造成的影响。

第三十三条 技术支撑组应开展以下工作：

（一）停止与应急处置无关的自动化系统检修及操作，检查主、备调自动化系统、厂站端自动化系统、调度数据网和二次安防设备等自动化设备运行情况，及时消除设备异常状况，确保技术支持系统可靠运行；

（二）停止与应急处置无关的通信系统检修及操作，检查电力通信网及所属设备、数据通道运行情况，及时消除异常状况，恢复有关中断通信系统及数据通道运行，确保调度电话及通信系统可靠运行；

（三）按要求做好应急指挥中心调度自动化、通信业务的技术支持；

（四）协调做好应急电视电话会议系统、网真会议系统的实时保障工作；

（五）若大面积停电造成调度大楼外来电源消失，按照处置方案要求，采取有效措施，防止机房温度超标，延长 UPS 电源供电时间，确保自动化、通信机房设备安全运行。

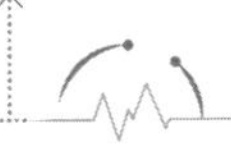

第三十四条　综合协调组应开展以下工作：

（一）做好中心内部各应急处置小组、上下级调度机构、公司相关部门应急联动协调工作；

（二）做好信息报送，汇总灾害、气象、水情、设备故障、供需平衡、故障处置进度等信息，向中心应急指挥工作组报告，按要求向上级调度机构以及公司大面积停电事件处置领导小组报送信息；

（三）按照调度应急指挥工作组要求组织召开应急工作例会，编制有关会议材料；

（四）安排中心应急值班，协调应急值班人员以及备调启用期间的食宿、交通、通信等后勤保障。

第三十五条　调度应急指挥工作组根据国家及公司相关规定，在电网大面积停电应急处置满足终止条件时，可向本单位应急领导小组提出应急结束建议。

第三十六条　在接到本单位应急结束的通知后，调度应急指挥工作组通知各工作组结束应急响应，向上级调度机构报告，并通报下级调度机构、直调厂站等相关单位。

第六章　信　息　报　送

第三十七条　大面积停电事件发生后，调度机构值班调度员应严格按照《国家电网公司调度系统重大事件汇报规定》，向上级调度机构值班调度员电话报告，并在规定时间内书面报告，书面报告内容主要包括事件发生的时间、概况、可能造成的影响、负荷损失和恢复等情况。

第三十八条　大面积停电事件发生后，调度机构应按《国家电网有限公司电力突发事件应急响应工作规则》要求，在规定时间向本单位应急办、总值班室等相关部门提供事发时间、地点、基本情况、处置情况等信息。

第三十九条　事件处置过程中，调度机构应按要求，定时向上级调度机构、相关部门报送应急处置进展情况。应急处置信息包括但不局限于：

（一）事件起因、影响范围和重要电厂用户、已造成的负荷损失、停电区域、严重程度、可能后果；

（二）继电保护及安全自动装置动作信息；

（三）电网设施设备受损、电网情况、人员伤亡情况；

（四）事件发生后抢险救援、次生灾害，对电网、用户的影响，已经采取的措施及事件发展趋势等。

第四十条 调度应急指挥工作组应及时向相关调度对象通报事件进展和处置情况。

第四十一条 加强信息报送的保密工作。各类大面积停电信息及数据未经调度应急指挥工作组同意不得对外发布。

第四十二条 加强应急处置过程中的信息收集与共享，除利用电视电话会议系统汇报和通报信息外，应充分利用调度管理系统（OMS）等技术手段收集、通报相关信息。

第四十三条 任何调度机构及其专业人员均不得瞒报、缓报、谎报突发事件信息。

第七章 总 结 评 价

第四十四条 应急响应结束后，相关调度机构应按要求及时对处置工作全过程进行评估，整理归档相关信息资料，在事件处置完成后两周内形成报告，报送上级调度机构。

第四十五条 事件应急处置结束后4周内，调度机构应组织研究事件发生机理，分析故障发展过程，总结应急处置经验和教训，完善和修订相关应急处置预案，并组织各相关专业进行技术交流和研讨。

第八章 附 则

第四十六条 本规定由国调中心负责解释并监督执行。

第四十七条 本规定自2023年01月17日起施行。原《国家电网公司调控系统预防和处置大面积停电事件应急工作规定》[国家电网企管〔2018〕176号之国网（调/4）344—2018] 同时废止。

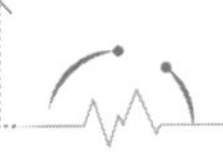

附录 5《国家电网有限公司调度系统故障处置预案管理规定》

规章制度编号：国网（调/4）329—2022

国家电网有限公司调度系统故障处置预案管理规定

第一章　总　　则

第一条　为了加强国家电网有限公司（以下简称“公司”）电网故障处置预案的管理，规范预案的编制流程、框架内容和基本要素，促进预案体系的规范化、制度化、标准化建设，依据《电力安全事故应急处置和调查处置条例》《电力系统安全稳定导则》《电力系统技术导则》《电网故障处置预案编制与校核技术规范》及公司相关规程规定等制定本规定。

第二条　本规定所称“故障”是指变电站或电厂全停、重要厂站双母同停、直流闭锁、重要输电断面或密集输电通道全失、重要设备跳闸、关键二次设备异常等故障，所称“预案”是指针对可能发生的故障，为迅速、有序地开展应急行动而预先制定的行动方案。

第三条　各级调控机构负责编制其直接调管范围内的故障处置预案（以下简称“直调预案”）。预案形式包括独立预案和联合预案，独立预案由单一调控机构编制，故障处置环节一般不涉及与其他调控机构协调配合，若涉及其他调控机构，编制过程中应征询相关调控机构意见；联合预案是由多级调控机构联合编制的预案，故障处置环节涉及多级调控机构协调配合，一般由参与预案编制的最高一级调控机构组织联合编制。

第四条　本规定适用于公司总部（分部）及所属各级单位的故障处置预案编制管理工作。

第二章 职 责 分 工

第五条 各级调控机构职责如下：

（一）国家电力调度控制中心（以下简称国调中心）负责编制国调中心直调预案，组织相关调控机构共同编制国家电网联合预案，对下级调控机构直调预案中需国调中心参与配合部分提供指导及建议。

（二）分部电力调度控制中心（以下简称网调）负责编制网调直调预案，组织相关调控机构共同编制区域电网联合预案，对上级调控机构直调预案中需网调参与配合部分提供建议，对下级调控机构直调预案中涉及需网调参与配合部分提供指导及建议。

（三）省级电力调度控制中心（以下简称省调）负责编制本省调直调预案、组织相关调控机构共同编制省级电网联合预案、对上级调控机构直调预案中需省调参与配合部分提供建议、对下级调控机构直调预案中需省调参与配合部分提供指导及建议。

（四）地级电力调度控制中心（以下简称地调）负责编制地调直调预案、组织相关调控机构共同编制地级电网联合预案、对上级调控机构直调预案中需地调参与配合部分提供建议、对下级调控机构直调预案中需地调参与配合部分提供指导及建议。

（五）县级电力调度控制中心（以下简称县调），编制县调直调预案，对上级调控机构直调预案中需县调参与配合部分提供建议。

第六条 专业职责如下：

调度运行专业牵头负责故障处置预案编制和校核工作，其他专业配合审核。预案编制过程中，各专业应按职责范围与相关部门和单位沟通协调。各专业具体职责如下：

（一）调度运行专业：根据电网运行情况或相关专业发布的正式预警通知，牵头组织编制预案，提出预想故障发生后调度实时处置步骤及电网运行控制要点。

（二）调度计划专业：根据电网开机方式、负荷预测、重大检修计划等确定预案初始运行方式；对预想故障发生后及调度处置过

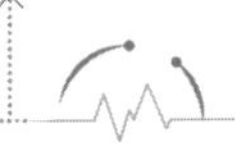

程中的平衡支援路径、联络线计划调整等提出建议。

（三）系统运行专业：根据运行方式分析电网薄弱环节，向调度运行专业发布正式预警通知；对预想故障发生后及调度处置过程中的运行方式进行校核计算，提出调整建议和电网运行控制要求。

（四）继电保护专业：根据电网继电保护运行方式分析电网薄弱环节，向调度运行专业发布正式预警通知；对预想故障发生后及调度处置过程中的继电保护运行方式进行校核计算和调整建议。

（五）水电及新能源专业：根据气象、水情预警等情况，向调度运行专业发布正式预警通知；对预想故障发生后及调度处置过程中的水电及新能源运行方式提出调整建议。

（六）自动化专业：根据自动化设备运行方式分析电网薄弱环节，向调度运行专业发布正式预警通知；提出预想自动化设备故障发生后相关调整建议。

（七）通信专业：根据通信设备运行方式分析电网薄弱环节，向调度运行专业发布正式预警通知；提出预想通信设备故障发生后相关调整建议。

第三章　预　案　分　类

第七条　年度典型预案：针对本电网年度典型运行方式的薄弱环节，根据电网规模设置预想故障，编制年度典型运行方式故障处置预案。

第八条　特殊运行方式预案：针对重大检修、基建或技改停电计划导致的电网运行薄弱环节，及新设备启动调试过程中的过渡运行方式，设置预想故障，编制相应预案。

第九条　应对自然灾害预案：根据气象统计及恶劣天气预警等情况，针对可能对电网安全造成严重威胁的自然灾害，编制相应预案。

第十条　重大保电专项预案：针对重要节日、重大活动、重点场所及重要用户保电要求，设置预想故障，编制相应预案。

第十一条 其他预案：针对其他可能对电网运行造成严重影响的故障，编制相应预案。

第四章 预 案 编 制

第十二条 独立预案编制流程如下：

调度运行专业牵头编制本级调度预案，其他各专业配合；预案初稿完成后，调度运行专业征求相关专业、部门、单位意见并修改预案；预案修改稿经相关专业会签和相关部门、单位确认；调控机构分管领导审核批准预案正式稿，发送至相关单位及厂站（流程图详见附件一）。

第十三条 联合预案编制流程如下：

（一）预案涉及的最高一级调控机构调度运行专业启动流程，并编制联合预案大纲。

（二）预案涉及的所有调控机构调度运行专业编制本级调度预案初稿，其他各专业配合并与相关专业、相关部门沟通。

（三）预案涉及的最高一级调控机构调度运行专业收集整理并编制联合预案初稿，发送本机构相关专业及相关部门、其他调控机构调度运行专业、相关单位征求意见，并最终形成修改稿。

（四）预案修改稿需经相关单位及部门确认。

（五）预案涉及的最高一级调控机构分管领导审核批准预案正式稿，发送至相关单位及厂站。

联合预案编制流程图详见附件二。

第十四条 预案编制的内容如下：

省调及以上调控机构预案主要应包括故障前方式、故障后运行方式及影响、控制目标、控制策略及处置步骤等。地调、县调预案主要应包括调管范围内涉及的故障分析、受影响的重要用户、负荷转移策略及处置步骤等。

第十五条 预案应具备规范的格式如下：

主要包括预案类型和形式、预案编号、预案名称、预案概要、

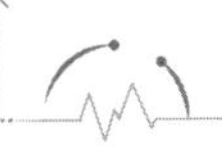

电网初始运行方式、故障后运行方式及影响、稳定控制要求、故障处置措施、信息通报等内容（省级以上调控机构预案参考模板详见附件三；地调、县调预案格式可根据电网实际自行制定）。

第十六条　预案编制范围如下：

预案主要结合电网运行方式和薄弱环节，针对可能出现的重要变电站或电厂全停、重要厂站双母同停、直流闭锁、重要输电断面、密集输电通道、重要设备故障及其他严重故障等情况编制。

第十七条　预案滚动修订要求如下：

根据电网结构、运行方式、负荷特性等因素变化，各级调控机构应定期修订相应预案；涉及重要节日、政府重大活动等保电任务，各级调控机构应及时编制专项预案。

第十八条　预案校核要求如下：

预案编制完成后，各级调控机构应针对不同的电网运行方式开展预案校核，评估预案的合理性和有效性，给出完善预案的相关建议。

第十九条　预案批准及印发要求如下：

独立预案由本级调控机构审核，并发布至预案涉及的相关调控机构及厂站；联合预案由参与预案编制的最高一级调控机构审核，并发布至相关调控机构及厂站。

第五章　其　他　要　求

第二十条　预案演练要求如下：

独立预案编制完成后，各级调控机构应定期开展预案演练，以检验预案的有效性。

联合预案编制完成后，一般由参与预案编制的最高一级调控机构有选择性地组织进行联合演练，以检验各级调控机构协调配合能力和预案有效性。

第二十一条　预案评估要求如下：

电网实时故障处置或故障演练后，应对相关预案的正确性、有效性、合理性进行评估。

第六章　附　　则

第二十二条　本规定由国调中心负责解释并监督执行。

第二十三条　本规定自 2023 年 01 月 17 日施行。原《国家电网公司调度系统故障处置预案管理规定》[国家电网企管〔2014〕747 号之国网（调/4）329—2014] 同时废止。

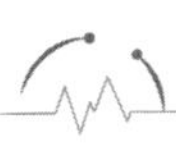

附件一　独立预案编制流程

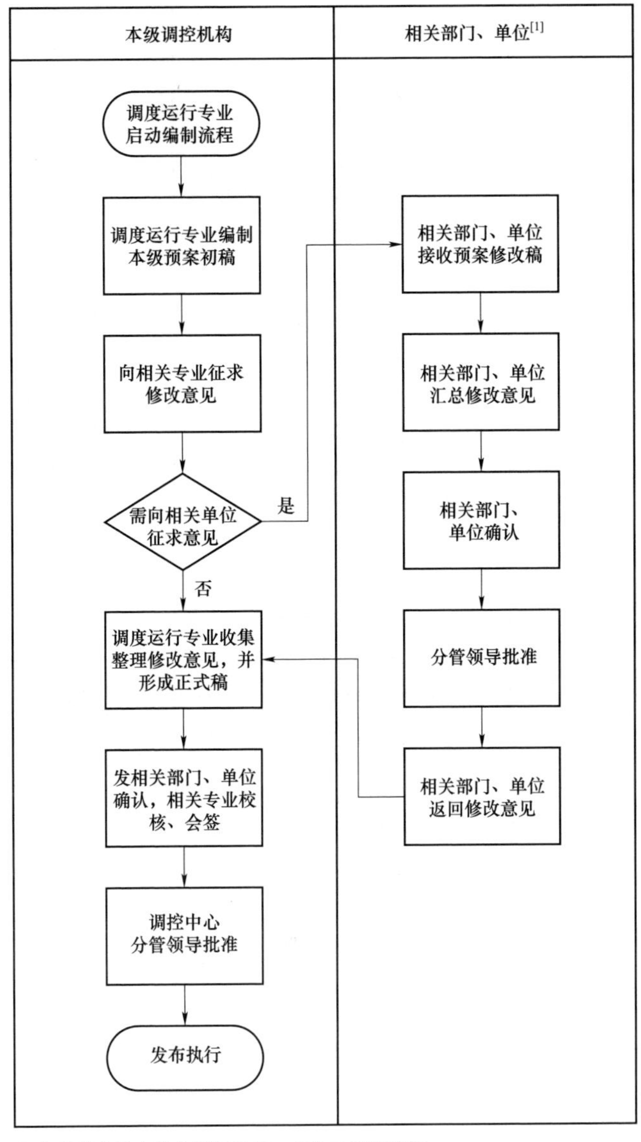

注：［1］相关单位含其他调控机构、相关厂站等单位。

附件二 联合预案编制流程

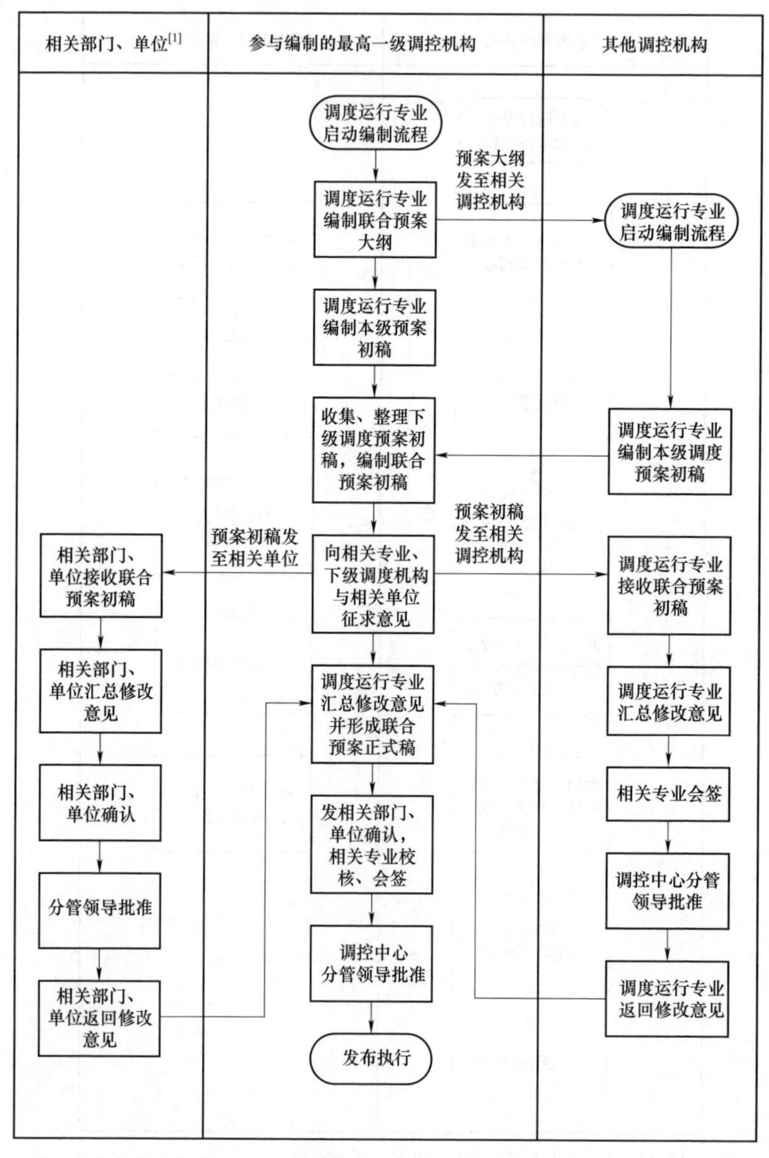

注：［1］相关单位含相关厂站等单位。

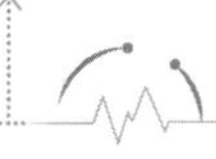

附件三　预案参考模板

预案编号	按照“调控机构代码－预案类型代码－预案形式代码－编制时间－预案序号”的格式编制，应满足如下要求： a）控机构代码见表 1； b）预案类型代码见表 2； c）预案形式代码见表 3； d）编制时间采用“年月日（YYYYMMDD）”的形式； e）预案序号应根据预案总数选取适当数位的序列数。 如：国网－年度典型方式预案－联合预案参考格式为 SG－DX－U－20210709－0001
预案名称	按照“故障信息－关键设备信息－其他”的格式编制，其中“故障信息”为必填项，其余为选填项，应满足如下要求： a）故障信息：应包括故障设备名称、故障类型； b）关键设备信息：包括关键设备运行状态、安全自动装置动作情况等； c）其他：其他需要说明的信息。 如：1000kV××线故障跳闸－××线检修－安控正确动作
预案概要	（1）编制时间：YYYY 年 MM 月 DD 日； （2）编制人员：人员 1，人员 2，……； （3）参与编制调控机构：国调，××网调，××省调； （4）编制状态：未完成/已完成； （5）初始运行方式概况：故障发生前电网关键运行特征信息的概况，如：迎峰度夏方式，××线检修； （6）故障后运行方式概况：预想故障发生后电网的运行状态概况，如：××、××电网解列运行； （7）故障后电网运行主要风险：××断面超稳定限额运行等
电网初始运行方式	主要描述故障发生前电网关键运行特征信息，应包含发电及负荷水平、区域交换功率、系统备用水平、关键设备运行状态、关键断面或元件潮流、安全自动装置状态等
故障后运行 方式及影响	主要描述预想故障发生后电网的运行状态、存在的运行风险及影响，应包含如下信息： a）故障影响的具体设备或区域； b）继电保护及安全自动装置动作情况； c）故障后电网运行状态，包括但不限于：系统频率越限、功率振荡、断面潮流越限、设备过载、母线电压越限、事故解列、新能源脱网、负荷损失
稳定控制要求	应包含如下信息： a）受约束设备或区域名称； b）安全约束类型，包括但不限于：断面潮流约束、发电机运行约束、电压及无功约束、系统备用约束、安全自动装置策略约束等； c）约束限值。 控制要求采用如下格式： a）控制××直流功率不超××万千瓦； b）控制××断面潮流不超××万千瓦

续表

故障处置措施	一、紧急控制阶段 a）故障发生后，迅速采取有效控制措施，限制故障发展，满足稳定控制要求和相关标准规范要求； b）处置操作应按照电网面临的紧急状态程度由高到低依次编写，并明确操作对象、操作类型，宜给出调整量和处置时限要求。操作规范用语见表4：故障处置措施规范用语
	二、方式调整阶段 优化调整电网运行方式，提高电网安全稳定裕度和供电可靠性。操作规范用语见表4：故障处置措施规范用语
	三、故障恢复阶段 根据故障处理情况，尽可能恢复电网故障前运行方式。操作规范用语见表4：故障处置措施规范用语
信息通报	应包含如下信息： a）根据故障影响及协同处置要求，通知相关单位进行故障处置； b）按相关规章制度要求汇报故障信息。 示例： a）国调：按照相关规定，将故障情况及各阶段处置情况通报相关单位； b）××网调：按照相关规定，将故障情况及各阶段处置情况汇报上级调控机构并通报相关单位； c）××省调：按照相关规定，将故障情况及各阶段处置情况汇报上级调控机构并通报相关单位

表1　　调控机构代码

电网名称	调控机构代码	电网名称	调控机构代码
国网	SG	福建	FJ
华北	NC	河南	EN
华东	EC	湖北	HB
华中	CC	湖南	HN
东北	NE	江西	JX
西北	NW	辽宁	LN
西南	SW	吉林	JL
北京	BJ	黑龙江	LJ
天津	TJ	蒙东	MD
冀北	JB	陕西	SN
河北南网	EB	甘肃	GS

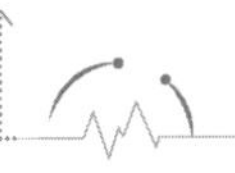

续表

电网名称	调控机构代码	电网名称	调控机构代码
山西	SX	青海	QH
山东	SD	宁夏	NX
上海	SH	新疆	XJ
江苏	JS	四川	SC
浙江	ZJ	重庆	CQ
安徽	AH	西藏	XZ

表 2　　预案类型代码

预案类型	代码
年度典型方式预案	DX
特殊运行方式预案	TS
应对自然灾害预案	ZH
重大保电专项预案	BD
其他预案	QT

表 3　　预案形式代码

预案形式	代码
独立预案	I
联合预案	U

表 4　　故障处置措施规范用语

序号	操作对象	规范用语
1	直流	××直流停运/恢复运行 ××直流功率提升/回降至×× 控制××直流功率至×× ××直流转为××电压方式运行 ××直流转为××金属回线/大地回线方式运行
2	发电机	××电厂（××机组）（紧急）开机/停运 （紧急）调整/增加/减少××电厂（××机组）有功（无功）出力至×× ××电厂××机组进相/滞相运行（至××） ××抽蓄电厂××机组发电/抽水/抽水调相/发电调相/解列 指定××电厂为第一/第二调频厂

续表

序号	操作对象	规范用语
3	母线	××站××母线并列/分列运行 ××站××母线转热备用/冷备用/检修/恢复运行
4	线路	试送××线路 ××线路转热备用/冷备用/检修/恢复运行 ××线路在××站侧解环/合环
5	主变	××站××主变并列/分列运行 ××站××主变转热备用/冷备用/检修/恢复运行
6	开关	拉开/合上××站××设备××开关 ××站××开关转运行/热备用/冷备用/检修
7	刀闸	拉开/合上××站××设备××刀闸
8	无功补偿装置、调相机	投/退××站××低容/低抗/高抗 ××调相机进相/滞相运行（至××）
9	负荷	××分钟内在××站/××区域事故拉路/拉电××负荷 将××站/××区域××负荷调至××站/××区域供电
10	断面	控制××断面功率不超过/不低于×× 控制××断面功率至××～××
11	二次装置	调整/投/退××继电保护装置/安全自动装置 调整××站/××区域 AGC 运行状态 调整××站/××区域 AVC 运行状态 投/退××机组一次调频/PSS 将××继电保护装置/安全自动装置投/改信号
12	其他运行方式调整	××设备倒至××母线运行 ××分区与××分区合环/解环运行 ××设备与××设备在××站出串/入串运行 ××开关/线路旁代运行 ××站××设备××开关同期并列

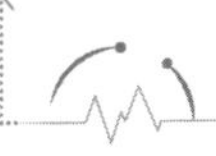

附录 6 《国家电网公司调度系统电网故障处置联合演练工作规定》

规章制度编号：国网（调/4）330—2014

国家电网公司调度系统电网故障处置联合演练工作规定

第一章　总　　则

第一条　为落实“安全第一、预防为主”方针，提升调控应急处置水平，适应调控运行业务一体化要求，规范国家电网调度系统电网故障处置联合演练（以下简称“联合演练”）管理，依据《电力安全事故应急处置和调查处理条例》《电力突发事件应急演练导则（试行）》制定本规定。

第二条　本规定适用于公司总（分）部、各单位及其所属各级单位调控机构（以下简称“各级调控机构”）组织的调度系统电网故障处置联合演练工作。

第二章　演　练　原　则

第三条　联合演练主要针对可能出现的需要多级调控机构协同处置的电网严重故障等情况，达到检验突发事件应急预案，完善突发事件应急机制，提高调度系统应急反应能力的目的。

第四条　联合演练应遵循下列原则：

（一）联合演练一般由参加演练的最高一级调控机构组织，下级调控机构配合上级完成演练；各级调控机构负责其直接调管范围内的演练。

（二）联合演练宜采用调度培训仿真系统（Dispatcher Training System，以下简称 DTS），演练期间，应确保模拟演练系统与实际

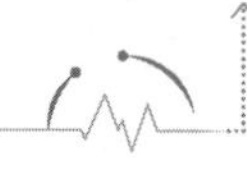

运行系统有效隔离，实际演练系统与其他无关演练的实际运行系统有效隔离。

（三）演练期间参演调控机构如出现意外或特殊情况，可汇报导演后退出演练；负责演练组织的调控机构演练期间如出现意外或特殊情况，可中止演练，并通知各参演单位。

第三章　演　练　分　类

第五条　典型演练：以年度运行方式中迎峰度夏、度冬大负荷运行方式为基础，针对电网薄弱环节，开展的联合故障处置演练。

第六条　保电演练：针对重大活动、重要节日、重点场所等保电任务的电网典型运行方式，开展的联合故障处置演练。

第七条　防灾演练：针对自然灾害对电网安全运行可能造成的严重影响，开展的联合故障处置演练。

第八条　示范演练：向观摩人员展示应急能力或提供示范教学，严格按照应急预案规定开展的表演性演练。

第九条　其他演练：针对其他可能对电网运行造成严重影响的故障，开展的联合故障处置演练。

第四章　职　责　分　工

第十条　联合演练应设置总指挥，一般由组织联合演练的调控机构所属公司分管领导担任。参加联合演练的单位应分别设置领导组、导演组、技术支持组、评估组及后勤保障组。

第十一条　领导组负责联合演练全过程的领导和协调，组长一般由参演调控机构领导担任。

第十二条　导演组负责联合演练的方案编制、演练实施等工作。总导演一般由调控运行专业人员担任，全面负责演练方案及脚本制作，统筹安排演练准备相关事宜。演练中涉及的单位如果对演练进程没有重要影响的或没有必要参加演练的可由导演组人员模拟。导演组应包含系统运行专业、继电保护专业、设备监控专业人

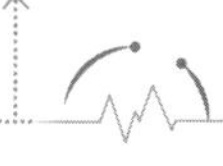

员，分别负责演练方案中电网方式调整策略及稳定限额校核、继电保护运行方式校核、监控信息校核。

第十三条　技术支持组负责联合演练全过程中自动化、通信设施的调试和运行保障。技术支持组应包含自动化专业、通信专业人员，分别负责演练全过程中自动化、通信系统的技术支持，保障演练实施中的相关演练系统、视频及音频设备、通信设施正常工作，满足演练实施的要求。

第十四条　评估组由调控机构各专业人员共同组成，负责根据联合演练工作方案，拟定演练考核要点和提纲，跟踪和记录演练进展情况，发现演练中存在的问题，对演练进行评估。

第十五条　后勤保障组负责联合演练的对外联络、宣传及后勤保障等工作。

第五章　组　织　流　程

第十六条　启动联合演练。演练组织单位初步确定联合演练主要目的、总体规模及计划时间节点，通知相关参演单位，确定成立相关组织机构，启动联合演练。

第十七条　制定演练方案。按照计划时间节点，组织召开导演会，由各参演单位编制演练子方案，演练组织单位汇总并确定联合演练方案。

第十八条　搭建演练平台。完成 DTS、音视频系统、通信设施等演练平台的搭建及调试工作。

第十九条　预演练。在正式演练前，根据演练方案，对正式演练的各个环节进行预先模拟，考察演练流程的合理性及通信、自动化保障的可靠性，进一步完善演练方案。

第二十条　实施联合演练。根据演练方案，实施联合演练。

第二十一条　评价及总结。演练结束后，对演练过程进行评价，编写演练总结，组织召开演练总结会。

第二十二条　宣传。必要情况下，联合本单位新闻部门，对演练进行宣传报道。

第六章 方 案 编 制

第二十三条 演练方案编制包括演练工作方案、故障设置方案及展示方案。其中演练工作方案、故障设置方案由组织单位协调各参演单位编制；展示方案配合观摩使用，由各单位自行编制。

第二十四条 工作方案的主要内容应包括演练组织机构的具体人员及相关职责、演练目标、总体思路、演练范围、参演单位、演练方式、重要时间节点等。

第二十五条 故障设置方案的主要内容应包括：

（一）初始运行方式。明确系统频率、电压、潮流、发电、负荷、区域联络线功率、备用、检修设备等。

（二）设置故障情景。明确事件类别、现象、发生的时间地点、发展速度、强度与危险性、影响范围、造成的损失、后续发展、气象及其它环境条件等。

（三）安排故障时序。明确故障场景之间的逻辑关系、故障发生过程中各场景的时间顺序。

（四）故障处置要点。提供故障发生后被演人员可采取的处置手段，相关设备控制目标值等。

第二十六条 展示方案应明确对演练实施进程的讲解及演示形式和内容，包括解说脚本、文字说明及各类多媒体资料。

第七章 正 式 演 练

第二十七条 状态确认。各参演单位确认演练平台运行正常、参演人员到位。

第二十八条 演练点名。按照导演组预点名、领导组预点名、导演组正式点名、领导组正式点名的次序，导演组、领导组点名应分别通过两套电话会议系统进行。

第二十九条 宣布演练开始。由总指挥宣布演练开始。

第三十条 演练过程控制。演练中，总导演按照演练方案通过统一通信平台向各参演单位导演发出控制消息。各导演按照统一指

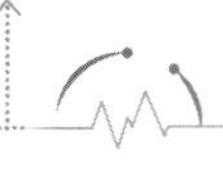

示及预定演练方案控制本单位演练进度，逐步演练，直至全部步骤完成。

第三十一条　演练解说或演示。在演练实施过程中，演练组织单位安排专人或应用专用系统对演练过程进行解说或演示。解说或演示内容一般应包括背景描述、进程讲解、案例介绍、环境渲染等。

第三十二条　演练记录。在演练过程中，需记录必要的文字、图片和音视频，包括演练时间、导演及被演通话、操作指令、特殊或意外情况及其处置等。

第三十三条　演练直播。对被演、观摩现场进行实时音视频直播。

第三十四条　演练结束。演练完毕，演练总指挥宣布演练结束，进行现场点评及总结。

第三十五条　演练中止。演练实施过程中出现意外或特殊情况，经演练领导组决定，由演练总指挥宣布演练中止。

第八章　总　结　宣　传

第三十六条　演练完成后，各参演单位应对演练组织、实施情况进行总结，形成总结报告，并对演练中暴露出的问题提出改进措施。

第三十七条　调控机构应加强对联合演练全过程的内部宣传报道；参演调控机构应配合本单位新闻部门进行公共媒体报道。

第九章　检 查 与 考 核

第三十八条　电网故障处置联合演练结束后，由组织演练的调控机构的评估组进行评价考核，并通报相关单位。

第十章　附　　则

第三十九条　本规定由国调中心负责解释并监督执行。

第四十条　本规定自 2014 年 7 月 1 日施行，原国调中心调调〔2011〕312 号文《国家电网调度系统电网故障处置联合演练工作规范（暂行）》同时废止。

附件 1：联合演练组织流程

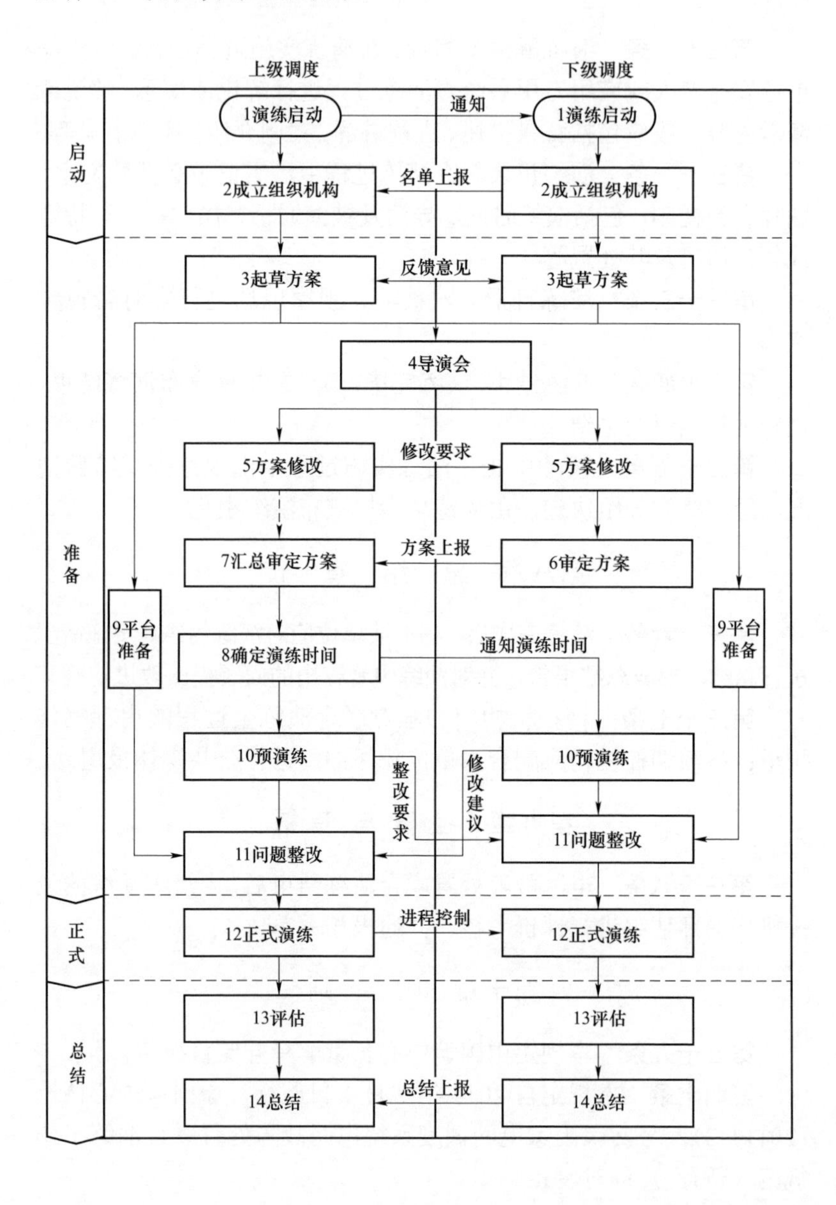

步骤	节点内容
1. 演练启动	演练组织单位初步确定联合演练规模及时间进度并发文通知相关参演单位
2. 成立组织机构	各参演单位按演练“组织机构”要求成立各小组，向演练组织单位报送各小组的成员名单
3. 起草方案	演练组织单位编制联合演练初步方案，发送各参演单位；各参演单位收到初步方案后完成各自子初步方案并将方案修改建议发送至总导演
4. 导演会	演练组织单位组织召集各参演单位召开导演会，集中讨论修改演练方案
5. 方案修改	各参演单位根据导演会讨论决定及上级调控要求修改方案
6. 审定方案	各参演单位将演练方案交领导小组审核定稿并报送上级调控
7. 汇总审定	演练组织单位汇总各参演单位方案，交领导小组审核定稿
8. 确定演练时间	演练组织者确定预演练、正式演练时间并通知各参演单位
9. 平台准备	联合演练初步方案形成后，各参演单位技术支持组开始演练平台搭建及调试工作，直至具备正式演练条件
10. 预演练	演练组织单位组织各参演单位开展联合预演练
11. 问题整改	各参演单位对预演练中发现的问题进行整改
12. 正式演练	演练组织单位组织各参演单位开展联合演练
13. 评估	在演练结束后，各参演单位按预定方案进行现场点评及总结
14. 总结	各参演单位对演练全过程进行总结，编制演练总结并报送演练组织者，需要时组织召开演练总结会

附件 2：正式演练实施流程

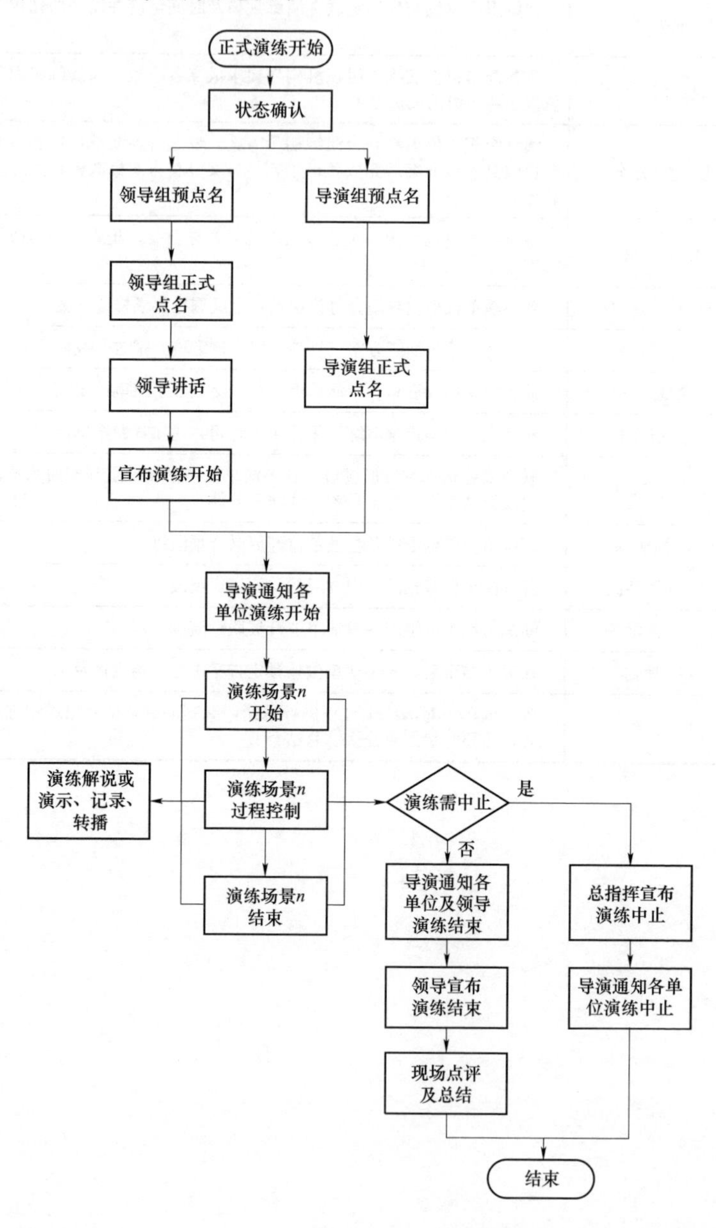

附件 3：重要文件参考模板

联合演练工作方案

一、演练组织机构（明确本单位演练组织机构名单及职责）

二、演练目标（说明演练的背景、内容、技术手段的主要特点）

三、演练总体思路（说明设置故障的思路）

四、演练范围（说明本次演练涉及的范围）

五、参演单位（明确与本级调控机构相关联的演练调控机构、厂站）

六、演练方式（明确演练各阶段采取的模拟、仿真、实战演练方式等）

七、重要时间节点（一般包括导演会、方案定稿、预演练、正式演练、总结会时间等）

联合演练故障设置方案

一、演练系统初始运行方式（明确对演练过程中涉及的各项电力系统参数，必要时附图表说明）

二、演练情景与处置步骤

演练第×阶段

演练故障×：明确事件类别、现象、发生的时间地点、发展速度、强度与危险性、影响范围、造成的损失、后续发展、气象及其它环境条件等。明确故障场景之间的逻辑关系、故障发生过程中各场景的时间顺序。

演练故障×处置步骤：提供故障发生后被演人员可采取的处置手段，相关设备控制目标值等。

联合演练评估表

参演单位：________________

考评内容（正文，仿宋，五号，粗体）

被演人员	（正文，仿宋，五号）准备充分，操作规范，对事故判断、处理及汇报准确及时，无延误事故及异常处理遵守各项操作制度，演练过程中相互沟通、协调充分，对联合演练态度严肃认真	A—准确、及时处理事故，操作规范，沟通协调充分 B—准确处理事故，操作规范，沟通协调良好 C—正确处理事故，处理方案选择和速度有待优化 D—事故处理基本正确，相关细节有待加强
	整体评价	
导演	演练准备阶段与上级调控机构导演之间的协调配合积极有效，演练准备充分，与上级调控方案配合衔接良好，演练内容设置合理、逼真，使被演人员得到有效锻炼，过程中与本单位被演和系统联合演练导演相互协调，信息沟通充分、及时，认真总结经验，提出不足之处，及时做好联合演练总结	A—准备充分，沟通、协调良好，演练内容合理。 B—准备较充分，沟通、协调一般，演练内容合理 C—准备一般，沟通、协调一般，演练内容较合理 D—准备不足，沟通、协调一般，演练内容一般
	整体评价	
技术支持	演练准备阶段与积极配合导演需求，调试设备准备充分，与上级技术支持部门配合衔接良好，预演及演练过程中各类通信设施、演习平台设施、观摩设施等的组织和运行正常，无设备发生异常或故障影响演习进程	A—准备积极，调试充分，过程中各设备正常工作 B—准备积极，调试充分，过程中各主要设备正常 C—准备一般，调试一般，过程中极个别主要设备异常，不影响演习进程 D—准备、调试不充分，过程中设备异常影响演习进程
	整体评价	

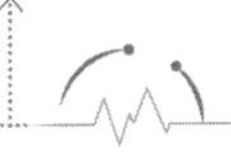

附录 7 《国家电网有限公司调度系统重大事件汇报规定》

规章制度编号：国网（调/4）328—2019

国家电网有限公司调度系统重大事件汇报规定

第一章　总　　则

第一条　为提高公司调度系统突发事件应对能力，强化电网运行统筹协调，确保发生重大事件时信息通报及时、准确、畅通，保障电网安全运行，依据《电力安全事故应急处置和调查处理条例》《国家大面积停电事件应急预案》《国家突发公共事件总体应急预案》《国家电网公司大面积停电事件应急预案》《国家电网公司电网调度控制管理通则》《国家电网公司安全事故调查规程》，制定本规定。

第二条　本规定适用于公司总（分）部及所属各级单位电网发生重大事件时调控机构的汇报工作。

第二章　重大事件分类

第三条　调度系统重大事件包括特急报告类、紧急报告类和一般报告类事件。

第四条　特急报告类事件

（一）《电力安全事故应急处置和调查处理条例》规定的特别重大事故、重大事故中涉及电网减供负荷的事故，以及《国家大面积停电事件应急预案》《国家电网公司大面积停电事件应急预案》规定的特别重大、重大大面积停电事件，具体见附表 1。

（二）《国家电网公司安全事故调查规程》规定中涉及电网减供负荷的事件，具体见附表 2。

第五条　紧急报告类事件

（一）《电力安全事故应急处置和调查处理条例》规定的较大事故、一般事故中涉及电网减供负荷的事故，以及《国家大面积停电事件应急预案》《国家电网公司大面积停电事件应急预案》规定的较大、一般大面积停电事件，具体见附表3。

（二）《电力安全事故应急处置和调查处理条例》规定的较大事故、一般事故中涉及电网电压过低、供热受限的事故，具体见附表4。

（三）《国家电网公司安全事故调查规程》规定中涉及电网减供负荷、电压过低、供热受限的事件，具体见附表5。

（四）除上述事件外的如下电网异常情况：

1. 省（自治区、直辖市）级电网与所在区域电网解列运行。

2. 区域电网内500千伏以上电压等级同一送电断面出现3回以上线路相继跳闸停运的事件；因同一次恶劣天气、地质灾害等外力原因造成区域电网500千伏以上线路跳闸停运3回以上，或省级电网220千伏以上线路跳闸停运5回以上的事件。

3. 北京、上海、天津、重庆等重点城市发生停电事件，造成重要用户停电，对国家政治、经济活动造成重大影响的事件。

4. 电网重要保电时期出现保电范围内减供负荷、拉限电等异常情况。

第六条 一般报告类事件

（一）《国家电网公司安全事故调查规程》规定的五级电网事件及五级设备事件中涉及电网安全的内容，具体见附表6。

（二）电网内出现四级以上的“电网运行风险预警通知单”对应的停电检修、调试等事件。

（三）除上述事件外的如下电网异常情况：

1. 发生110千伏以上局部电网与主网解列运行故障事件。

2. 装机容量3000兆瓦以上电网，频率超出50±0.2赫兹；装机容量3000兆瓦以下电网，频率超出50±0.5赫兹。

3. 因220千伏以上电压等级厂站设备非计划停运造成负荷损失、拉路限电、稳控装置切除负荷、低频低压减负荷装置动作等减

供负荷事件。

4. 在电力供应不足或特定情况下，电网企业在当地电力主管部门的组织下，实施了限电、拉路等有序用电措施。

5. 厂站发生 220 千伏以上任一电压等级母线故障全停或强迫全停事件。

6. 恶劣天气、水灾、火灾、地震、泥石流及外力破坏等导致110（66）千伏变电站全停、3 个以上 35 千伏变电站全停或减供负荷超过 40 兆瓦等对电网运行产生较大影响的事件；发生日食、太阳风暴等自然现象并对电网运行产生较大影响的事件。

7. 通过 220 千伏以上电压等级并网且水电装机容量在 100 兆瓦以上或火电、核电装机容量在 1000 兆瓦以上的电厂运行机组故障全停或强迫全停事件。

8. 因电网故障异常等原因造成风电、光伏出现大规模脱网或出力受阻容量在 500 兆瓦以上的事件。

9. 电网发生低频振荡、次同步振荡、机组功率振荡等异常电网波动；火电厂出现扭振保护（TSR）动作导致机组跳闸的情况。

10. 地级以上调控机构、220 千伏以上厂站发生误操作、误碰、误整定、误接线等恶性人员责任事件。

11. 单回 500 千伏以上电压等级线路故障停运及强迫停运事件。

12. 220 千伏以上电压等级电流互感器（CT）、电压互感器（PT）着火或爆炸等设备事件。

13. 公司资产的水电站、抽蓄电站发生重大设备损坏，导致单机容量 100 兆瓦以上机组检修工期超过 14 天的事件。

14. 各级调控机构与超过 30%直调厂站的调度电话业务中断或与超过 30%直调厂站的调度数据网业务中断、调度控制系统 SCADA 功能全部丧失的事件。

15. 各级调控机构调控场所（包括备用调控场所）发生停电、火灾、外力破坏等事件；省级以上调控机构调控场所（包括备用调控场所）发生主备调切换或切换至临时调度场所等事件。

16. 当举办党和国家重大活动、重要会议，电网企业承办重要保电工作，接到保电任务并开始编制调度保电方案的事件。

17. 省级以上调控机构接受电力监管，或监管机构监管检查中下发事实确认书、整改通知书内容涉及到调控机构的事件。

18. 因电网突发的严重缺陷和隐患，可能导致影响铁路、公路、城市轨道交通、航运、机场等公共交通并造成较大社会影响的事件；因电网原因造成的铁路、公路、城市轨道交通、航运、机场等公共交通中断或延误的事件。

19. 因电网原因影响城市供水、供热、供气及政府机构、医院、广播电视台等重要电力用户，在省级以上新闻（含网络）媒体出现报道等造成较大社会影响的事件。

20. 其他对调控运行或电网安全产生较大影响及造成较大社会影响的事件。

第三章　重大事件汇报要求

第七条　重大事件汇报的时间要求

（一）在直调范围内发生特急报告类事件的调控机构调度员，须在 15 分钟内向上一级调控机构调度员进行特急报告，省调调度员须在 15 分钟内向国调调度员进行特急报告。

（二）在直调范围内发生紧急报告类事件的调控机构调度员，须在 30 分钟内向上一级调控机构调度员进行紧急报告，省调调度员须在 30 分钟内向国调调度员进行紧急报告。

（三）在直调范围内发生一般报告类事件的调控机构调度员，须在 2 小时内向上一级调控机构调度员进行一般报告，省调调度员须在 2 小时内向国调调度员进行一般报告。

（四）在直调范围内发生造成较大社会影响事件的调控机构调度员须在获知相应社会影响后第一时间向上一级调控机构调度员进行报告，省调调度员须在获知相应社会影响后第一时间向国调调度员进行报告。

（五）相应调控机构在接到下级调控机构事件报告后，应按照逐级汇报的原则，5 分钟内将事件情况汇报至上一级调控机构，省

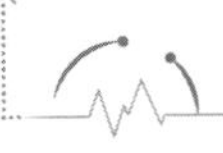

调应同时上报国调和分中心。

（六）特急报告类、紧急报告类、一般报告类事件应按调管范围由发生重大事件的调控机构尽快将详细情况以书面形式报送至上一级调控机构，省调应同时抄报国调。

（七）分中心或省调发生与所有直调厂站调度电话业务全部中断、调度数据网业务全部中断或调度控制系统 SCADA 功能全部丧失事件，应立即报告国调调度员；地县调发生与直调厂站调度电话业务全部中断、调度数据网业务全部中断或调度控制系统 SCADA 功能全部丧失事件，应立即逐级报告省调调度员。

（八）各级调控机构调度控制系统应具有大面积停电分级告警和告警信息逐级自动推送功能。

第八条　重大事件汇报的内容要求

（一）发生文中规定的重大事件后，相应调控机构的汇报内容主要包括事件发生时间、概况、造成的影响等情况。

（二）在事件处置暂告一段落后，相应调控机构应将详细情况汇报上级调控机构，内容主要包括：事件发生的时间、地点、运行方式、保护及安全自动装置动作、影响负荷情况；调度系统应对措施、系统恢复情况；以及掌握的重要设备损坏情况，对社会及重要用户影响情况等。

（三）当事件后续情况更新时，如已查明故障原因或巡线结果等，相应调控机构应及时向上级调控机构汇报。

第九条　重大事件汇报的组织要求

（一）发生特急报告类、紧急报告类事件，除值班调度员报告外，相应调控机构负责生产的相关领导应及时了解情况，并向上级调控机构汇报事件发展及处理的详细情况，符合《电力安全事故应急处置和调查处理条例》《国家电网公司安全事故调查规程》调查条件的事件，要及时汇报调查进展。

（二）在发生严重电网事故或受自然灾害影响，恢复系统正常方式需要较长时间时，相关调控机构应随时向上级调控机构汇报恢复情况。

第四章　检　查　考　核

第十条　对于未及时汇报特急报告类、紧急报告类、一般报告类事件的相关单位，上级调控机构应进行评价考核，并定期通报。

第五章　附　　则

第十一条　本规定所称的“以上”包括本数，所称的“以下”不包括本数。

第十二条　本规定由国调中心负责解释并监督执行。

第十三条　本规定自 2019 年 8 月 23 日起施行，原《国家电网公司调度系统重大事件汇报规定》［国家电网企管〔2016〕649 号之国网（调/4）328—2016］同时废止。

附件：1. 特急报告类相关事件
　　　2. 紧急报告类相关事件
　　　3. 一般报告类相关事件

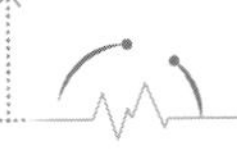

附件 1：特急报告类相关事件

表 1　《电力安全事故应急处置和调查处理条例》规定的特别重大、重大事故中涉及电网减供负荷的事故，以及《国家大面积停电事件应急预案》《国家电网公司大面积停电事件应急预案》规定的特别重大、重大大面积停电事件

《电力安全事故应急处置和调查处理条例》	《国家大面积停电事件应急预案》《国家电网公司大面积停电事件应急预案》
特别重大事故	特别重大大面积停电事件
（1）区域性电网减供负荷 30%以上； （2）电网负荷 20000 兆瓦以上的省、自治区电网，减供负荷 30%以上； （3）电网负荷 5000 兆瓦以上 20000 兆瓦以下的省、自治区电网，减供负荷 40%以上； （4）直辖市电网减供负荷 50%以上； （5）电网负荷 2000 兆瓦以上的省、自治区人民政府所在地城市电网减供负荷 60%以上	1. 区域性电网：减供负荷 30%以上。 2. 省、自治区电网：负荷 20000 兆瓦以上的减供负荷 30%以上，负荷 5000 兆瓦以上 20000 兆瓦以下的减供负荷 40%以上。 3. 直辖市电网：减供负荷 50%以上，或 60%以上供电用户停电。 4. 省、自治区人民政府所在地城市电网：负荷 2000 兆瓦以上的减供负荷 60%以上，或 70%以上供电用户停电
重大事故	重大大面积停电事件
（1）区域性电网减供负荷 10%以上 30%以下； （2）电网负荷 20000 兆瓦以上的省、自治区电网，减供负荷 13%以上 30%以下； （3）电网负荷 5000 兆瓦以上 20000 兆瓦以下的省、自治区电网，减供负荷 16%以上 40%以下； （4）电网负荷 1000 兆瓦以上 5000 兆瓦以下的省、自治区电网，减供负荷 50%以上； （5）直辖市电网减供负荷 20%以上 50%以下； （6）省、自治区人民政府所在地城市电网减供负荷 40%以上（电网负荷 2000 兆瓦以上的，减供负荷 40%以上 60%以下）； （7）电网负荷 600 兆瓦以上的其他设区的市电网减供负荷 60%以上	1. 区域性电网：减供负荷 10%以上 30%以下。 2. 省、自治区电网：负荷 20000 兆瓦以上的减供负荷 13%以上 30%以下，负荷 5000 兆瓦以上 20000 兆瓦以下的减供负荷 16%以上 40%以下，负荷 1000 兆瓦以上 5000 兆瓦以下的减供负荷 50%以上。 3. 直辖市电网：减供负荷 20%以上 50%以下，或 30%以上 60%以下供电用户停电。 4. 省、自治区人民政府所在地城市电网：负荷 2000 兆瓦以上的减供负荷 40%以上 60%以下，或 50%以上 70%以下供电用户停电；负荷 2000 兆瓦以下的减供负荷 40%以上，或 50%以上供电用户停电。 5. 其他设区的市电网：负荷 600 兆瓦以上的减供负荷 60%以上，或 70%以上供电用户停电

表 2　《国家电网公司安全事故调查规程》中相关特急报告类事件

事件类型	判定标准
电网事件	（1）造成区域性电网减供负荷 10%以上者； （2）造成电网负荷 20000 兆瓦以上的省（自治区）电网减供负荷 13%以上者； （3）造成电网负荷 5000 兆瓦以上 20000 兆瓦以下的省（自治区）电网减供负荷 16%以上者； （4）造成电网负荷 1000 兆瓦以上 5000 兆瓦以下的省（自治区）电网减供负荷 50%以上者； （5）造成直辖市电网减供负荷 20%以上者； （6）造成电网负荷 2000 兆瓦以上的省（自治区）人民政府所在地城市电网减供负荷 40%以上者； （7）造成电网负荷 2000 兆瓦以下的省（自治区）人民政府所在地城市电网减供负荷 40%以上者； （8）造成电网负荷 600 兆瓦以上的其他设区的市电网减供负荷 60%以上者

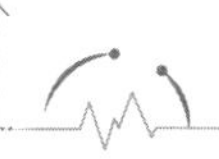

附件 2：紧急报告类相关事件

表 3　《电力安全事故应急处置和调查处理条例》规定的较大事故、一般事故中涉及电网减供负荷的事故，以及《国家大面积停电事件应急预案》《国家电网公司大面积停电事件应急预案》规定的较大、一般大面积停电事件

《电力安全事故应急处置和调查处理条例》	《国家大面积停电事件应急预案》《国家电网公司大面积停电事件应急预案》
较大事故	较大大面积停电事件
（1）区域性电网减供负荷 7%以上 10%以下； （2）电网负荷 20000 兆瓦以上的省、自治区电网，减供负荷 10%以上 13%以下； （3）电网负荷 5000 兆瓦以上 20000 兆瓦以下的省、自治区电网，减供负荷 12%以上 16%以下； （4）电网负荷 1000 兆瓦以上 5000 兆瓦以下的省、自治区电网，减供负荷 20%以上 50%以下； （5）电网负荷 1000 兆瓦以下的省、自治区电网，减供负荷 40%以上； （6）直辖市电网减供负荷 10%以上 20%以下； （7）省、自治区人民政府所在地城市电网减供负荷 20%以上 40%以下； （8）其他设区的市电网减供负荷 40%以上（电网负荷 600 兆瓦以上的，减供负荷 40%以上 60%以下）； （9）电网负荷 150 兆瓦以上的县级市电网减供负荷 60%以上	1. 区域性电网：减供负荷 7%以上 10%以下。 2. 省、自治区电网：负荷 20000 兆瓦以上的减供负荷 10%以上 13%以下，负荷 5000 兆瓦以上 20000 兆瓦以下的减供负荷 12%以上 16%以下，负荷 1000 兆瓦以上 5000 兆瓦以下的减供负荷 20%以上 50%以下，负荷 1000 兆瓦以下的减供负荷 40%以上。 3. 直辖市电网：减供负荷 10%以上 20%以下。 4. 省、自治区人民政府所在地城市电网：减供负荷 20%以上 40%以下。 5. 其他设区的市电网：负荷 600 兆瓦以上的减供负荷 40%以上 60%以下；负荷 600 兆瓦以下的减供负荷 40%以上。 6. 县级市电网：负荷 150 兆瓦以上的减供负荷 60%以上
一般事故	一般大面积停电事件
（1）区域性电网减供负荷 4%以上 7%以下； （2）电网负荷 20000 兆瓦以上的省、自治区电网，减供负荷 5%以上 10%以下； （3）电网负荷 5000 兆瓦以上 20000 兆瓦以下的省、自治区电网，减供负荷 6%以上 12%以下； （4）电网负荷 1000 兆瓦以上 5000 兆瓦以下的省、自治区电网，减供负荷 10%以上 20%以下；	1. 区域性电网：减供负荷 4%以上 7%以下。 2. 省、自治区电网：负荷 20000 兆瓦以上的减供负荷 5%以上 10%以下，负荷 5000 兆瓦以上 20000 兆瓦以下的减供负荷 6%以上 12%以下，负荷 1000 兆瓦以上 5000 兆瓦以下的减供负荷 10%以上 20%以下，负荷 1000 兆瓦以下的减供负荷 25%以上 40%以下。 3. 直辖市电网：减供负荷 5%以上 10%以下。 4. 省、自治区人民政府所在地城市电网：减供负荷 10%以上 20%以下。

续表

《电力安全事故应急处置和调查处理条例》	《国家大面积停电事件应急预案》《国家电网公司大面积停电事件应急预案》
（5）电网负荷1000兆瓦以下的省、自治区电网，减供负荷25%以上40%以下； （6）直辖市电网减供负荷5%以上10%以下； （7）省、自治区人民政府所在地城市电网减供负荷10%以上20%以下； （8）其他设区的市电网减供负荷20%以上40%以下； （9）县级市减供负荷40%以上（电网负荷150兆瓦以上的，减供负荷40%以上60%以下）	5. 其他设区的市电网：减供负荷20%以上40%以下。 6. 县级市电网：负荷150兆瓦以上的减供负荷40%以上60%以下，或50%以上70%以下供电用户停电；负荷150兆瓦以下的减供负荷40%以上

表4　《电力安全事故应急处置和调查处理条例》规定的较大事故、一般事故中涉及电网电压过低、供热受限的事故

判定项 / 事故等级	发电厂或者变电站因安全故障造成全厂（站）对外停电的影响和持续时间	供热机组对外停止供热的时间	发电机组因安全故障停运的时间和后果
较大事故	发电厂或者220千伏以上变电站因安全故障造成全厂（站）对外停电，导致周边电压监视控制点电压低于调控机构规定的电压曲线值20%并且持续时间30分钟以上，或者导致周边电压监视控制点电压低于调控机构规定的电压曲线值10%并且持续时间1小时以上	供热机组装机容量200兆瓦以上的热电厂，在当地人民政府规定的采暖期内同时发生2台以上供热机组因安全故障停止运行，造成全厂对外停止供热并且持续时间48小时以上	发电机组因安全故障停止运行超过行业标准规定的大修时间两周，并导致电网减供负荷
一般事故	发电厂或者220千伏以上变电站因安全故障造成全厂（站）对外停电，导致周边电压监视控制点电压低于调控机构规定的电压曲线值5%以上10%以下并且持续时间2小时以上	供热机组装机容量200兆瓦以上的热电厂，在当地人民政府规定的采暖期内同时发生2台以上供热机组因安全故障停止运行，造成全厂对外停止供热并且持续时间24小时以上	发电机组因安全故障停止运行超过行业标准规定的小修时间两周，并导致电网减供负荷

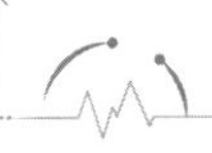

表 5　《国家电网公司安全事故调查规程》中相关紧急报告类事件

事件类型	判定标准
电网事件	（1）造成区域性电网减供负荷 4%以上 10%以下者； （2）造成电网负荷 20000 兆瓦以上的省（自治区）电网减供负荷 5%以上 13%以下者； （3）造成电网负荷 5000 兆瓦以上 20000 兆瓦以下的省（自治区）电网减供负荷 6%以上 16%以下者； （4）造成电网负荷 1000 兆瓦以上 5000 兆瓦以下的省（自治区）电网减供负荷 10%以上 50%以下者； （5）造成电网负荷 1000 兆瓦以下的省（自治区）电网减供负荷 25%以上者； （6）造成直辖市电网减供负荷 5%以上 20%以下者； （7）造成省（自治区）人民政府所在地城市电网减供负荷 10%以上 40%以下者； （8）造成其他设区的市电网减供负荷 20%以上者； （9）造成电网负荷 150 兆瓦以上的县级市电网减供负荷 40%以上者； （10）造成电网负荷 150 兆瓦以下的县级市电网减供负荷 40%以上者； （11）发电厂或者 220 千伏以上变电站因安全故障造成全厂（站）对外停电，导致周边电压监视控制点电压低于调控机构规定的电压曲线值 20%并且持续时间 30 分钟以上、低于调控机构规定的电压曲线值 10%并且持续时间 1 小时以上者、低于调控机构规定的电压曲线值 5%以上 10%以下并且持续时间 2 小时以上者； （12）发电机组因安全故障停止运行超过行业标准规定的大修时间两周，并导致电网减供负荷者或超过行业标准规定的小修时间两周，并导致电网减供负荷者
设备事件	（1）供热机组装机容量 200 兆瓦以上的热电厂，在当地人民政府规定的采暖期内同时发生 2 台以上供热机组因安全故障停止运行，造成全厂对外停止供热并且持续时间 24 小时以上者

附件 3：一般报告类相关事件

表 6　《国家电网公司安全事故调查规程》中相关一般报告类事件

事件类型	判定标准
电网事件	（1）造成电网减供负荷 100 兆瓦以上者； （2）220 千伏以上电网非正常解列成三片以上，其中至少有三片每片内解列前发电出力和供电负荷超过 100 兆瓦； （3）220 千伏以上系统中，并列运行的两个或几个电源间的局部电网或全网引起振荡，且振荡超过一个周期（功角超过 360°），不论时间长短，或是否拉入同步。 （4）变电站内 220 千伏以上任一电压等级母线非计划全停； （5）220 千伏以上系统中，一次事件造成同一变电站内两台以上主变跳闸。 （6）500 千伏以上系统中，一次事件造成同一输电断面两回以上线路同时停运。 （7）±400 千伏以上直流输电系统双极闭锁或多回路同时换相失败。 （8）500 千伏以上系统中，开关失灵、继电保护或自动装置不正确动作致使越级跳闸。 （9）电网电能质量降低，造成下列后果之一者： 频率偏差超出以下数值：在装机容量 3000 兆瓦以上电网，频率偏差超出 50±0.2 赫兹，延续时间 30 分钟以上。在装机容量 3000 兆瓦以下电网，频率偏差超出 50±0.5 赫兹，延续时间 30 分钟以上。 500 千伏以上电压监视控制点电压偏差超出±5%，延续时间超过 1 小时。 （10）一次事件风电机组脱网容量 500 兆瓦以上。 （11）装机总容量 1000 兆瓦以上的发电厂因安全故障造成全厂对外停电。 （12）地市级以上地方人民政府有关部门确定的特级或一级重要电力用户电网侧供电全部中断
设备事件	（1）输变电设备损坏，出现下列情况之一者：220 千伏以上主变压器、换流变压器、高压电抗器、平波电抗器发生本体爆炸、主绝缘击穿；500 千伏以上断路器发生套管、灭弧室或支柱瓷套爆裂；220 千伏以上主变压器、换流变压器、高压电抗器、平波电抗器、换流器（换流阀本体及阀控设备，下同）、组合电器（GIS），500 千伏以上断路器等损坏，14 天内不能修复或修复后不能达到原铭牌出力；或虽然在 14 天内恢复运行，但自事故发生日起 3 个月内该设备非计划停运累计时间达 14 天以上；500 千伏以上电力电缆主绝缘击穿或电缆头损坏；500 千伏以上输电线路倒塔；装机容量 600 兆瓦以上发电厂或 500 千伏以上变电站的厂（站）用直流全部失电。 （2）10 千伏以上电气设备发生下列恶性电气误操作：带负荷误拉（合）隔离开关、带电挂（合）接地线（接地开关）、带接地线（接地开关）合断路器（隔离开关）。 （3）主要发电设备和 35 千伏以上输变电主设备异常运行已达到现场规程规定的紧急停运条件而未停止运行。

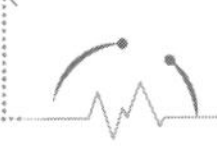

续表

事件类型	判定标准
设备事件	（4）发电厂出现下列情况之一者：因安全故障造成发电厂一次减少出力 1200 兆瓦以上；100 兆瓦以上机组的锅炉、发电机组损坏，14 天内不能修复或修复后不能达到原铭牌出力；或虽然在 14 天内恢复运行，但自事故发生日起 3 个月内该设备非计划停运累计时间达 14 天以上；水电厂（抽水蓄能电站）大坝漫坝、水淹厂房或火电厂灰坝垮坝；水电机组飞逸；水库库盆、输水道等出现较大缺陷，并导致非计划放空处理；或由于单位自身原因引起水库异常超汛限水位运行；风电场一次减少出力 200 兆瓦以上。 （5）通信系统出现下列情况之一者：国家电力调度控制中心与直接调度范围内超过 30%的厂站通信业务全部中断；电力线路上的通信光缆因故障中断，且造成省级以上电力调度控制中心与超过 10%直调厂站的调度电话、调度数据网业务全部中断；省电力公司级以上单位本部通信站通信业务全部中断。 （6）国家电力调度控制中心或国家电网调控分中心、省电力调度控制中心调度自动化系统 SCADA 功能全部丧失 8 小时以上，或延误送电、影响事故处理